图解
磁性材料

TUJIE

CIXING

CAILIAO

田民波　编著

U0223981

化学工业出版社

·北京·

《图解磁性材料》是"名师讲科技前沿系列"中的一本，内容包括材料磁性之源，磁化、磁畴和磁滞回线，铁氧体磁性材料，常用软磁材料，永磁材料及其进展，钕铁硼永磁材料，磁路计算和退磁曲线，磁性材料的应用等内容。涉及磁性材料的方方面面。

　　针对入门者、制作者、应用者、研究开发者、决策者等多方面的需求，本书在掌握大量资料的前提下，采用图文并茂的形式，全面且简明扼要地介绍磁性的原理，磁性材料的制作工艺以及磁性材料的新进展、新应用及发展前景等。采用每章之下"节节清"的论述方式，图文对照，并给出"本节重点"。力求做到深入浅出，通俗易懂；层次分明，思路清晰；内容丰富，重点突出；选材新颖，强调应用。千方百计使磁性材料的相关知识新起来、动起来、活起来，做到有声有色。

　　本书可作为材料、机械、微电子、计算机、显示器、精密仪器、汽车、物理、化学、光学等学科本科生及研究生教材，对于相关领域的科技、工程技术人员，也有参考价值。

图书在版编目（CIP）数据

图解磁性材料 / 田民波编著. —北京：化学工业出版社，2019.1（2024.11重印）
（名师讲科技前沿系列）
ISBN 978-7-122-33088-8

Ⅰ．①图… Ⅱ．①田… Ⅲ．①磁性材料—图解 Ⅳ.
①TM27-64

中国版本图书馆CIP数据核字（2018）第219727号

责任编辑：邢　涛　　　　　　　文字编辑：陈　雨
责任校对：宋　夏　　　　　　　装帧设计：王晓宇

出版发行：化学工业出版社（北京市东城区青年湖南街13号　邮政编码100011）
印　　装：涿州市般润文化传播有限公司
880mm×1230mm　1/32　印张8　字数224千字　2024年11月北京第1版第9次印刷

购书咨询：010-64518888
售后服务：010-64518899
网　　址：http://www.cip.com.cn
凡购买本书，如有缺损质量问题，本社销售中心负责调换。

定　　价：49.00元

前　言

受惠于电子技术和数字化的飞快发展，我们身边的信息设备及家电制品不断高性能化，使我们的生活日益高效便捷。与此同时，装置日益轻薄短小化，过去难以想象的复杂装置，变为今天可以装在便服口袋中的袖珍产品。例如，智能手机、小型信息终端、无人机、肠内检查用的胶囊照相机、IC 卡等。在这些高技术产品中，使用了大量的磁性材料。磁性器件的绝对数量可能不多，但其作用不可替代，对于电子设备的高品质化、高功能化、节能化起着至关重要的作用。

磁性材料按其功能，可分为几大类：①易被外磁场磁化的磁芯材料；②可产生持续磁场的永磁材料；③通过变化磁化方向进行信息记录的磁记录材料；④通过光（或热）使磁化发生变化进行记录与再生的光磁记录材料；⑤在磁场作用下电阻发生变化的磁致电阻材料；⑥因磁化使尺寸发生变化的磁致伸缩材料；⑦形状可以自由变化的磁性流体等。磁性材料是多种多样的。

利用上述功能，人们在很早以前就开始制作指南针、变压器、马达、扬声器、磁致伸缩振子、记录介质、各类传感器、阻尼器、打印器、磁场发生器、电磁波吸收体等各种各样的磁性器件。在由上述器件组成的设备中，除了机器人、计算机、工作母机等产业机械之外，我们身边的汽车、电脑、音响设备、电视机、录像机、电话、洗衣机、吸尘器、电子钟表、电冰箱、空调器、电饭锅、电表等不胜枚举，应用磁性材料的机器多得令人吃惊。

近年来的磁性材料，在非晶合金、稀土永磁化合物、超磁致伸缩、巨磁电阻等新材料相继发现的同时，得益于组织的微细化、晶体学方位的控制、薄膜化、超晶格等新技术的开发，其特性显著提高。这些不仅对电子、信息产品等特性的飞跃提高做出了重大贡献，而且成为新产品开发的原动力。目前，磁性材料已成为支持并促进社会发展的关键材料。

本书第 1、2 章讨论磁性和磁学的一些基本概念，以便对磁性材料的基本问题有较深入的了解；第 3～6 章将分别针对具体的磁性材料进行讨论，包括磁性特征、制备及性能改进；第 7、8章针对磁性材料的应用，专门讨论磁路计算和退磁曲线以及硬磁材料的典型应用。

物质的磁性并不起因于自由电子而是源于受电子核束缚的壳层内的电子，进一步讲是源于壳层内不成对电子的自旋磁矩（Fe、Co、Ni 及其合金的磁性）和轨道磁矩（稀土永磁的磁性）。一方面，对于初学者来说，磁学比电学要难得多。但从另一方面讲，对磁性材料相关知识的掌握，有利于读者跨入功能材料的广阔领域。

针对入门者、制作者、应用者、研究开发者、决策者等多方面的需求，本书在论述中尽量避免或少用数学公式，注意对专用名词术语的解释。在掌握大量资料的前提下，采用图文并茂的形式，全面且简明扼要地介绍芯片工作原理，磁性材料的制作工艺、新进展、新应用及发展前景等。采用每章之下"节节清"的论述方式，图文呼应，并给出"本节重点"。力求做到深入浅出，通俗易懂；层次分明，思路清晰；内容丰富，重点突出；选材新颖，强调应用。千方百计使磁性材料的相关知识新起来、动起来、活起来，做到有声有色。

本书的内容既不同于磁学基础理论，又有别于磁性材料的加工工艺，而是从材料科学的角度论述磁性材料，重点讨论磁性材料微观结构与宏观性能之间的关系。为此，本书将涉及原材料、冶炼加工、热处理、特殊加工、组织结构调整与控制等。分析这些因素对于磁性材料在原子、电子结构层次、晶体结构层次、相结构层次的微观组织结构中有什么作用，使其发生什么变化，进而对宏观性能产生什么影响等，从而使读者对各类磁性材料的理解、使用，提高原有磁性材料的性能，对新型磁性材料的研究、开发，有所启发与帮助。

本书可作为材料、物理、机械、化学、微电子、计算机、精密仪器等学科本科生及研究生学习，对于相关领域的科技、工程技术人员，也有参考价值。

本书得到清华大学本科教材立项资助，并受到清华大学材料学院的全力支持，在此致谢。作者水平和知识面有限，不妥之处恳请读者批评指正。

田民波

2019 年 1 月

目 录

第1章 材料磁性之源

第 2 章 磁化、磁畴和磁滞回线

第3章 铁氧体磁性材料

第4章 常用软磁材料

书角茶桌

第5章　永磁材料及其进展

书角茶桌

第7章　磁路计算和退磁曲线

第 1 章

材料磁性之源

书角茶桌

地磁场消失则会导致天下大乱

1.1 磁性源于电流，磁力之源是电子的自旋运动

1.1.1 "慈石召铁，或引之也"

——中国古代四大发明之一的指南针中就使用了磁性材料

早在公元前3世纪，《吕氏春秋·季秋记》中就有"慈石招铁，或引之也"的记述，形容磁石对于铁片犹如慈母对待幼儿一样慈悲、慈爱。而今，汉语中"磁铁"中的"磁"，日语中"磁石"中的"磁"即起源于当初的"慈"。

司马迁在《史记》中，有黄帝在作战中使用指南车的记述，如果确实，这可能是世界上关于磁石应用的最早记载。

公元1044年出版的北宋曾公亮《武经总要》中描述了用人造磁铁片制作指南鱼的过程：将铁片或者钢片剪裁成鱼状，放入炭火烧红，尾指北方斜放入水，便形成带剩磁的指南针，可放在盛水的碗内，藉由剩磁与地磁感应作用而指南。《武经总要》记载该装置与纯机械的指南车并用于导航。宋朝的沈括在1088年著述了《梦溪笔谈》，是第一位准确地描述地磁偏角（即磁北与正北间的差异）和利用磁化的绣花针做成指南针的人，而朱彧在1119年发表了《萍洲可谈》，是第一位具体提到利用指南针在海上航行的人。有一种说法认为，马可·波罗带着中国人发明的罗盘返回欧洲，并对欧洲的航海业发挥了巨大作用。

指南针见图1-1，地磁磁场示意如图1-2所示。作为中国人引以为豪的四大发明之一，其中的关键就是磁性材料。

本节重点

(1) 中国古代四大发明之一的指南针中使用的是何种磁性材料？
(2) 请介绍用人造磁铁片制作指南鱼的过程。
(3) 请分析地磁场产生的根源是什么。

图 1-1 司南——中国发明的指南针

图 1-2 地磁磁场示意

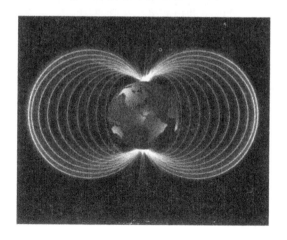

1.1.2 磁性源于电流

——物质的磁性源于原子中电子的运动

早在 1820 年，丹麦科学家奥斯特就发现了电流的磁效应，第一次揭示了磁与电存在着联系，从而把电学和磁学联系起来。安培认为，任何物质的分子中都存在着环形电流，称为分子电流，而分子电流相当于一个基元磁体。当物质在宏观上不存在磁性时，这些分子电流做的取向是无规则的，它们对外界所产生的磁效应互相抵消，故使整个物体不显磁性。

在外磁场作用下，等效于基元磁体的各个分子电流将倾向于沿外磁场方向取向，而使物体显示磁性。这说明，磁性源于电流，而物质的磁性源于原子中电子的运动。

人们常用磁矩来描述磁性。运动的电子具有磁矩，电子磁矩由电子的轨道磁矩和自旋磁矩组成。在晶体中，电子的轨道磁矩受晶格的作用，其方向是变化的，不能形成一个联合磁矩，对外没有磁性作用。因此，物质的磁性不是由电子的轨道磁矩引起，而是主要由自旋磁矩引起。每个电子自旋磁矩的近似值等于一个波尔磁子。波尔磁子是原子磁矩的单位。图 1-3 表示物质磁性与原子磁矩的关系。

因为原子核比电子约重 1840 倍，其运动速度仅为电子速度的几千分之一，故原子核的磁矩仅为电子的千分之几，可以忽略不计。孤立原子的磁矩决定于原子的结构。原子中如果有未被填满的电子壳层，其电子的自旋磁矩未被抵消，原子就具有"永久磁矩"。

按物质对磁场的反应对其可分为图 1-3 及图 1-4 所示的四类：①强烈吸引的物质：铁磁性（包括亚铁磁性）；②轻微吸引的物质：顺磁性，反铁磁性（弱磁性）；③轻微排斥的物质：抗磁性；④强烈排斥的物质：完全抗磁性（超导体）。

本节重点

(1) 物质磁性及磁现象的根源是什么？
(2) 物质的磁性主要由电子的轨道磁矩还是自旋磁矩决定？
(3) 说说你对抗磁性、顺磁性、反铁磁性、铁磁性、亚铁磁性的认识。

图1-3　物质磁性与原子磁矩的关系

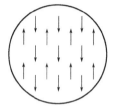 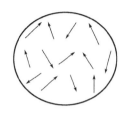 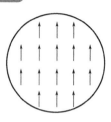

(a)反铁磁性　　　　　(b)顺磁性　　　　　(c)铁磁性

图1-4　磁力线在不同物质中的分布

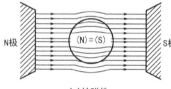 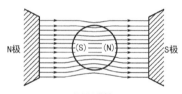

(a)抗磁性　　　　　　　　　(b)顺磁性

 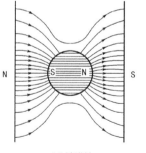

(c)完全抗磁性(超导体)　　　　　　(d)铁磁性

1.1.3　铁磁性之源

——磁力之源是轨道电子的自旋运动

大致而言，永磁体产生的磁力（吸引力），是由该物质的电子状态发生的，而且其与电子自旋（自旋磁性或自旋磁体）相关。在此，所谓电子自旋，是指存在于电子壳层内的电子自转的状态。

图1-5表示铁原子核外电子壳层结构示意。其中，铁原子周围存在K、L、M、N等电子壳层，每个壳层中都按规则排布一定的电子数。以铁为例，各壳层共排布26个电子。其中M壳层的3d轨道为非填满轨道，在此只有14个电子，与满壳层的18个电子相比，尚有4个空位，也就是说，在回旋的非填满轨道上存在4个不成对电子，它们是磁性之源。

若作更详细一点的说明，磁性之源被认为是电子自旋，电子是围绕原子核周围轨道而回旋的，但电子自身也在自转，与由于这种电子的自旋而流动的电子流的方向相对应，会产生磁场（图1-6）。这便是有名的右旋法则。

这种情况，对于顺磁性体来说，由于回旋方向为右旋的和左旋的两个电子成对存在，因此由自旋产生的磁场相互抵消，从而不具有永磁体的性质，这可由量子论加于解释。

除此之外，还有一种理论是交互作用理论。认为所有原子独立具有自旋磁性，即可以看成是独立的自旋永磁体，且原子间按一定规则存在相互作用，由此可以说明铁磁性、顺磁性、抗磁性三种磁性体的不同。也就是说，在显示强磁性的物质中，内部最近邻原子间自旋磁体有相互增强的相互作用；而显示抗磁性的物质中，内部最近邻原子间自旋磁体有相反的相互作用。

本节重点

(1) 电子自旋是磁性之源。

(2) 用电子自旋的量子理论说明交换相互作用。

(3) 铁原子的核外电子排布和电子结构。

图1-5　铁原子核外电子壳层结构示意

（铁原子的核外电子总共有26个）

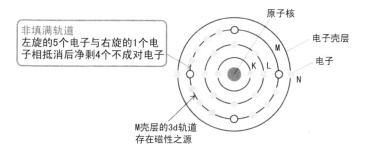

非填满轨道
左旋的5个电子与右旋的1个电子相抵消后净剩4个不成对电子

原子核

电子壳层

电子

K　L　M　N

M壳层的3d轨道
存在磁性之源

图1-6　铁原子的结构

（为了方便表示，此图中描出的电子数比实际的少）

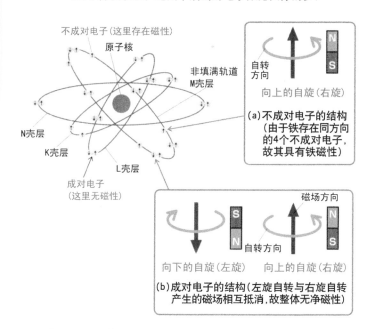

不成对电子(这里存在磁性)

原子核

非填满轨道
M壳层

N壳层

K壳层

L壳层

成对电子
(这里无磁性)

自转
方向

向上的自旋(右旋)

(a)不成对电子的结构
（由于铁存在同方向
的4个不成对电子，
故其具有铁磁性）

磁场方向

向下的自旋(左旋)　　自转方向　　向上的自旋(右旋)

(b)成对电子的结构(左旋自转与右旋自转
产生的磁场相互抵消,故整体无净磁性)

　　在图1-6所示的铁原子结构中，成对电子和不成对电子混合存在(M壳层3d轨道)。图1-6(a)表示不成对电子，图1-6(b)表示成对电子的电子(自旋)流与磁场的关系。

1.1.4 按物质对磁场的反应对其磁性进行分类
——地球上的所有物质都是磁性体

一般情况下，一提到磁性体，往往指在磁场中被磁化的铁磁性体，但从广义上讲，空气也是磁性体的一种。也就是说，如果不考虑程度上的差异，地球上存在的所有物质都可以说成是磁性体。但是，其磁性（被永磁体吸引的性质）的强弱，却依物质的不同存在相当大的差异。

而且，还有使磁场减弱（材料中会产生与磁场方向相反的磁力线）的物质，如金和银等，称此类物质为抗磁性体。

需要指出的是，顺磁性和抗磁性是相对而言的，二者的共性是磁性均很弱；尽管从名称上看，顺磁性与抗磁性具有完全相反的性质，但从实际表现看，将前者理解为具有磁力线稍微侵入其中的性质即可。图1-7广义上汇总了对磁性体的分类。图1-8表示铁磁性体与抗磁性体的磁性对比，图1-9是按物质对磁场的反应对其磁性的分类。

但是，抗磁性体这一名称还是从历史上存留下来，这可能是由于金、银等良导体在电磁产业领域大量应用，但与铁、镍等的铁磁性相比，其磁力强度微不足道。因此，这种磁力目前还不能利用。

图1-10是对迈斯纳效应的说明。将超导体置于N极和S极之间，则会出现迈斯纳效应，即磁力线不能侵入超导体内部。因此，从N极发出的磁力线需要拐个弯，绕过超导体再进入S极。由此可以实现磁悬浮，即利用这种磁力线的斥力将超导物质悬浮于半空中。

本节重点

（1）磁性体的分类。

（2）铁磁性体和抗磁性体。

（3）超导态物质与迈斯纳效应。

图1-7　磁性体的分类

表现很强的磁性

磁性体 ── 铁磁(包括亚铁磁)性体 ⟶ 铁(Fe)、镍(Ni)、钴(Co)、铁氧体、稀土永磁等

不表现或表现极弱的磁性

顺磁性体 ⟶ 铝(Al)、铬(Cr)、铂(Pt)、钠(Na)、氧(O)等
(非磁性体)

非常微弱的抗磁性

抗磁性体 ⟶ 铜(Cu)、金(Au)、银(Ag)、水银(Hg)、锌(Zn)、氢(H)、氖(Ne)等

完全抗磁性体 ⟶ 超导体
(迈斯纳效应)

图1-8　铁磁性体与抗磁性体的磁性对比

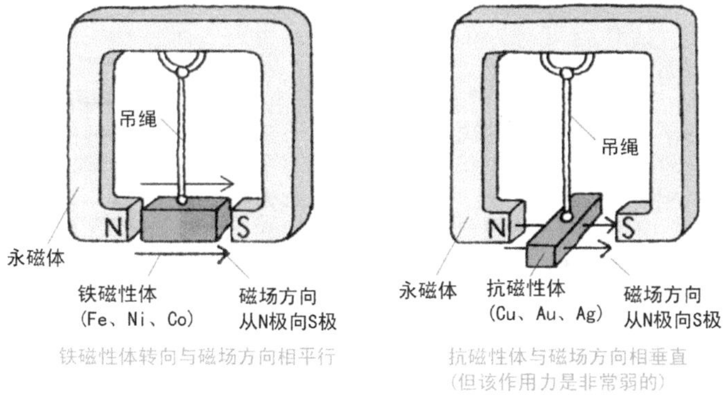

吊绳

永磁体

铁磁性体　磁场方向
(Fe、Ni、Co)　从N极向S极

铁磁性体转向与磁场方向相平行

(a)铁磁性体的情况

吊绳

永磁体　抗磁性体　磁场方向
　　　　(Cu、Au、Ag)　从N极向S极

抗磁性体与磁场方向相垂直
(但该作用力是非常弱的)

(b)抗磁性体的情况

图1-9　按物质对磁场的反应进行分类

支点

物质　　砝码

永磁体 N S

强烈吸引的物质：铁磁性(包括亚铁磁性)
轻微吸引的物质：顺磁性，抗磁性(弱磁性)
轻微排斥的物质：抗磁性
强烈排斥的物质：完全抗磁性(超导体)

图1-10　关于迈斯纳效应

(超导态)

S

由于迈斯纳效应，磁力线不能进入超导体中

超导体

超导体可悬浮于磁力线中

N

1.1.5 按磁化曲线对材料磁性分类
——取决于原子磁矩及其排列

广义的磁性可以按表 1−1 所示分类如下。

(1) 铁磁性。对诸如 Fe、Co、Ni 等物质，在室温下磁化率可达 $10^2 \sim 10^6$ 数量级，铁磁性物质即使在较弱的磁场内，也可得到极高的磁化强度，而且当外磁场移去后，仍可保留极强的磁性。其磁化率为正值，但当外场增大时，由于磁化强度迅速达到饱和，其 X 变小。铁磁性物质的交换能为正值，而且较大，使得相邻原子的磁矩平行取向（相应于稳定状态），在物质内部形成许多小区域——磁畴。每个磁畴大约有 10^{15} 个原子。这些原子的磁矩沿同一方向排列。

(2) 顺磁性。顺磁性物质的主要特征是，不论外加磁场是否存在，原子内部存在永久磁矩。但在无外加磁场时，由于顺磁物质的原子做无规则的热振动，宏观看来，没有磁性；在外加磁场作用下，每个原子磁矩比较规则地取向，物质显示极弱的磁性。磁化强度与外磁场方向一致，为正，而且严格地与外磁场 H 成正比。

(3) 反铁磁性。反铁磁性是指由于电子自旋反向平行排列。在同一子晶格中有自发磁化强度，电子磁矩是同向排列的；在不同子晶格中，电子磁矩反向排列。两个子晶格中自发磁化强度大小相同，方向相反。反铁磁性物质大都是非金属化合物，如 MnO。不论在什么温度下，都不能观察到反铁磁性物质的任何自发磁化现象，因此其宏观特性是顺磁性的，M 与 H 处于同一方向，磁化率 X 为正值。温度很高时，X 极小；温度降低，X 逐渐增大。在一定温度 T 时，X 达最大值，称 T 为反铁磁性物质的居里点或尼尔点。

(4) 抗磁性。当磁化强度 M 为负时，固体表现为抗磁性。Bi、Cu、Ag、Au 等金属具有这种性质。在外磁场中，这类磁化了的介质内部的磁感应强度小于真空中的磁感应强度 B。抗磁性物质的原子（离子）的磁矩应为零，即不存在永久磁矩。当抗磁性物质放入外磁场中，外磁场使电子轨道改变，感生一个与外磁场方向相反的磁矩，表现为抗磁性。所以抗磁性来源于原子中电子轨道状态的变化。抗磁性物质的抗磁性一般很微弱，磁化率 X 一般约为 -10^{-5}，注意其为负值。

| 本节重点 | (1) 何谓磁化强度和磁感应强度？
(2) 何谓材料的磁化率和磁导率？
(3) 根据材料的 M-H 曲线（以及原子磁矩及其排列）对其磁性进行分类。 |

表 1-1 磁性分类及其产生机制

分 类		原子磁矩及其排列	M-H 特性	M_s, $\frac{1}{\chi}$ 随温度的变化	物质实例
强磁性	铁磁性	→→→→ →→→→ →→→→ →→→→	M 曲线，M_s，O，H	M_s, $1/\chi$ 曲线，$1/\chi$，$\chi \approx 10^2 \sim 10^6$，$M_s$，$T_c$，$T$	Fe、Co、Ni、Gd、Tb、Dy 等元素及其合金、金属间化合物等；FeSi、NiFe、CoFe、SmCo、NdFeB、CoCr、CoPt 等
	亚铁磁性	→→→→A ←←←←B →→→→A ←←←←B	M 曲线，M_s，O，H	M_s, $1/\chi$ 曲线，M_s^{-1}，T_c，T	各种铁氧体系材料（Fe、Ni、Co 氧化物）；Fe、Co 等与重稀土类金属形成的金属间化合物（TbFe 等）
弱磁性	顺磁性	↗↑↖ → ← ↙↓↘	M，$\chi>0$，O，H	$1/\chi$，$\overline{\chi} \approx 10^{-5} \sim 10^{-3}$，$T$	O_2、Pt、Rh、Pd 等，I A 族（Li、Na、K 等），IIA 族（Be、Mg、Ca 等），NaCl、KCl 的 F 中心
	反铁磁性	→→→→A ←←←←B →→→→A ←←←←B	M，$\chi>0$，O，H	$1/\chi$，T_N，T	Cr、Mn、Nd、Sm、Eu 等 3d 过渡元素或稀土元素，还有 MnO、MnF_2 等合金、化合物等
抗磁性		轨道电子的拉摩回旋运动	M，$\overline{\chi} \approx -10^{-5}$，$O$，$H$，$\chi>0$		Cu、Ag、Au，C、Si、Ge、α-Sn，N、P、As、Sb、Bi，S、Te、Se，F、Cl、Br、I，He、Ne、Ar、Kr、Xe、Rn

图 1-11 磁芯材料对磁通密度或磁化强度的影响

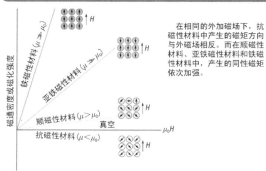

在相同的外加磁场下，抗磁性材料中产生的磁矩方向与外磁场相反。而在顺磁性材料、亚铁磁性材料和铁磁性材料中，产生的同性磁矩依次加强。

1.2 磁矩、磁化率和磁导率

1.2.1 磁通密度、洛伦兹力和磁矩
——表征磁性的基本参量

磁通密度是磁感应强度的一个别名。垂直穿过单位面积的磁力线条数称为磁通量密度，简称磁通密度或磁密，它从数量上反映磁力线的疏密程度。磁场的强弱通常用磁感应强度 B 来表示，哪里磁场越强，哪里 B 的数值越大，磁力线就越密。

荷兰物理学家洛伦兹（1853～1928 年）首先提出了运动电荷产生磁场和磁场对运动电荷有作用力的观点，为纪念他，人们称这种力为洛伦兹力。

表示洛伦兹力大小的公式为 $F=Qv \times B$。将左手掌摊平，让磁力线穿过手掌心，四指表示正电荷运动方向，则和四指垂直的大拇指所指方向即为洛伦兹力的方向。如图 1-12 所示。

洛伦兹力有以下性质：洛伦兹力的方向总与运动方向垂直；洛伦兹力永远不做功（在无束缚情况下）；洛伦兹力不改变运动电荷的速率和动能，只能改变电荷的运动方向，使之偏转。

磁矩是描述载流线圈或微观粒子磁性的物理量。平面载流线圈的磁矩定义为 $m=iSn$。式中，i 为电流强度；S 为线圈面积；n 为与电流方向成右手螺旋关系的单位矢量。如图在均匀外磁场中，平面载流线圈所受合力为零但所受力矩不为零。

图 1-13 表示磁矩的概论。将磁极强度为 q_m，相距为 L 的磁极对置于磁场 H 中，为达到与磁场平行，在转矩 $T=Lq_mH\sin\theta$ 的作用下，发生旋转。定义 q_mL 为磁矩，称具有磁矩的磁极对为磁偶（magnelic dipole）。

磁矩是磁铁的物理性质，由于至今尚未发现磁单极子，故某些书中将磁矩等同磁偶极矩。

为便于读者参照，表 1-2 列出磁学及电学各基本参量的类似性。

本节重点
(1) 何谓磁通密度？说明它与磁通量的关系，指出二者的单位。
(2) 何谓洛伦兹力？给出磁场对直线电流和运动电荷的洛伦兹力表达式。
(3) 何谓磁矩？给出平面载流线圈磁矩的表达式。

图 1-12 磁通密度与洛伦兹力

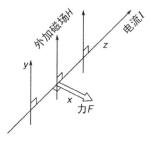

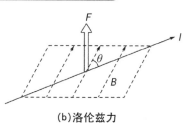

(b)洛伦兹力

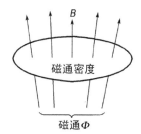

(c)磁通与磁通密度

(a)电流受力与磁场间的关系
（左手定则）

图 1-13 磁矩的概念

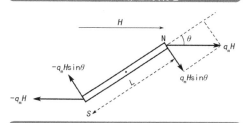

表 1-2 磁学及电学各基本参量的类似性

磁学参量(磁路)		电学参量(电路)	
名称	单位	名称	单位
磁通量 Φ	Wb	电流强度 I	A
磁通密度 B	Wb/m^2	电流密度 J	A/m^2
磁场强度 H	A/m	电场强度 E	V/m
磁导率 μ	H/m	电导率 σ	S/m
磁阻 R_m	H	电阻 R	Ω
磁势 V_m	A	电动势 V	V

1.2.2 何谓材料的磁导率
——透过磁力线的容易程度决定于物质的组成

在涉及磁性材料的场合，离不开磁导率 μ 这一参量，它表示磁通密度 B 同与之对应的磁场强度 H 之比（$\mu=B/H$），也就是磁通密度（磁感应强度）／磁场强度（磁势）。它的数值大小表现的是该物质透过磁力线的容易程度。

比之磁导率，实际应用更普遍的还有相对磁导率这一专用参量，它表示磁性材料的磁导率同真空磁导率（$\mu_0=1$）之比。

表 1—13 给出不同材料相对磁导率（μ_0）的若干实例。可以看出，铁、钴、镍及其构成的合金、铁氧体等具有很高的磁导率，尽管其数值存在较大差异。

与之相对，铝、铜等顺磁性体（非磁性体）的相对磁导率充其量为 2，与空气及真空中的磁导率无很大差异。再者，由于铝及铜的相对磁导率非常小，尽管是金属，磁力线也几乎不受这些物体的影响。也就是说，对磁力线没有汇聚（封闭）能力。与之相对，由于磁力线容易在纯铁等铁磁性体内通过，一次进入的磁力线，只要未达到该铁磁性体的磁饱和，就几乎不会从该铁磁性体泄漏出去。

从另一个角度讲，防止磁力线（磁通）泄漏，也就是磁封闭（sealed），也有几种方法，但最常用的是将铁板作为磁封闭材料。对于这种情况，采用厚铁板十分有效，有时也采用多块薄铁板重叠使用。而且，为了极力抑制漏磁通，每隔一定间隔放置铁板，由多块铁板组合的方式也十分有效。图 1（a）表示仅有永磁体（单体）情况下的磁力线分布；图 1（b）表示在永磁体两端放置铝板或铜板情况下的磁力线分布；图 1（c）表示在永磁体两端放置铁板情况下的磁力线分布。由此可以看出，像纯铁及硅钢片等磁导率高的材料，作为防止磁力线泄漏材料，有得天独厚的优势。

本节重点
（1）指出主要的磁性材料和各自的相对磁导率。
（2）从永磁体发出的磁力线的分布。
（3）防止磁力线泄漏的磁封闭（磁屏蔽）方法。

表1-3　不同材料相对磁导率（μ_0）的若干实例

磁性材料	相对磁导率	磁性材料	相对磁导率
MnZn铁氧体	500左右	纯铁	1000左右
锰	4000	Fe 3%Si	2000左右
钴	270	Fe 9.6%Si 5.4%Al（硅钢）	30000左右
镍	180	铝	≈2
铜	≈1	空气	≈1

注：真空中μ_0=1。

图1-14　由永磁体发出的磁力线分布

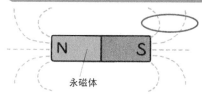

磁力线的分布

永磁体

(a)永磁体单体情况下的磁力线分布

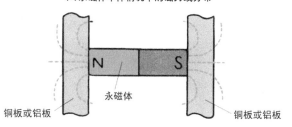

永磁体

铜板或铝板　　　　　　　　　　　铜板或铝板

(b)永磁体两端贴附铜板或铝板的情况
[磁力线分布与(a)相同]

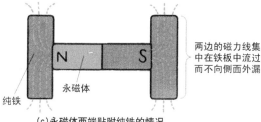

永磁体

纯铁

两边的磁力线集中在铁板中流过而不向侧面外漏

(c)永磁体两端贴附纯铁的情况
[磁力线集中在铁板中流过]

1.2.3 元素的磁化率及磁性类型
——磁性材料中不可或缺的铁、钴、镍及稀土元素

3d 过渡金属的磁性，由于 3d 不成对电子运动的回游性使轨道磁矩消失，而自旋磁矩起主导作用，但后面将要讨论的稀土类金属的磁性，一般以合金和化合物的形态显示出铁磁性。在这种情况下，处于 4f 轨道而受原子核束缚很强的内侧不成对电子也起作用，从而轨道磁矩也会对磁性产生贡献，并表现为各向异性能很强的铁磁性。

常温下稀土元素属于顺磁性物质（表现为磁力极小），低温下，大多数稀土元素具有铁磁性，尤其是中、重稀土的低温铁磁性更大，例如 Gd、Tb、Dy、Ho、Er。

稀土与 3d 过渡金属 Fe、Co、Ni 等可形成 3d–4f 二元系化合物，它们大多具有较强的铁磁性，是稀土永磁材料的主要组成相，例如 $SmCo_5$、Sm_2Co_{17}。再加入第三个或更多的元素，则可形成三元和多元化合物，有的也具有铁磁性，如 $Nd_2Fe_{14}B$，是钕铁硼的基础相。$Nd_2Fe_{14}B$ 金属间化合物的晶体结构如 6.1.3 节所示，为正方点阵，Fe 集中配置的原子层面被含 Nd 和 B 的原子层面隔开，具有复杂的晶体结构。而沿 c 轴方向具有很强的磁晶各向异性。由于单轴各向异性很强，因此饱和磁化强度可达到很高的数值。而且，提高主相含有率及微细化，效果会更好。

元素的磁化率及磁性类型如图 1–15 所示。

(1) 在具有 3d 不成对电子自旋的元素中为什么只有铁、钴、镍具有铁磁性？
(2) 指出稀土永磁材料产生铁磁性的机制。

图 1-15　元素的磁化率及磁性类型

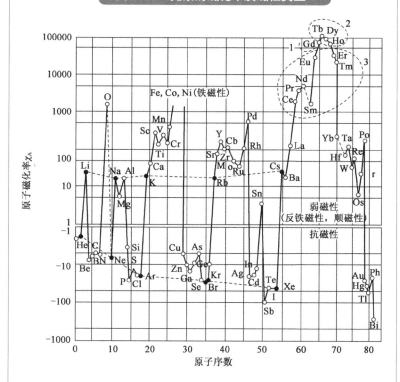

1—铁磁性过渡金属 (F_R)；2—铁磁性过渡金属 (F_R) 过渡到反铁磁性过渡金属 (A_R)；
3—反铁磁性过渡金属 (A_R)

1.3 铁、钴、镍磁性之源
1.3.1 3d 壳层的电子结构
——3d 壳层电子有剩余自旋磁矩是铁磁性产生的必要条件

第四周期过渡元素包括 Sc、Ti、V、Cr、Mn、Fe、Co、Ni、Cu、Zn。它们核外电子排布有一定共性，内层电子排布均为 $1s^2 2s^2 2p^6 3s^2 3p^6$，闭壳层；外层电子排布随原子核电荷数增加而变化，表现在 3d 壳层上电子数依次增多。以 Fe 为例，其 $3d^6$ 轨道有 6 个电子占据，但 $3d^6$ 轨道有 10 个位置（轨道数 5），因此为非闭壳层；$4s^2$ 轨道 2 个电子满环，为闭壳层。

可见，Fe 的 3d 轨道为非闭壳层，尚有 4 个空余位置。3d 轨道上，最多可以容纳自旋磁矩方向向上的 5 个电子和向下的 5 个电子，但电子的排布要服从泡利不相容原理和洪特规则，即一个电子轨道上可以同时容纳一个自旋方向向上的电子和一个自旋方向向下的电子，但不可以同时容纳 2 个自旋方向相同的电子，见表 1—4。

实际上，由于 3d 轨道和 4s 轨道的能量十分接近，8 个电子有可能相互换位。人们发现，按统计分布，3d 轨道上排布 7.88 个电子，4s 轨道上排布 0.12 个。因此，在对原子磁矩有贡献的 3d 轨道上（4s 轨道电子容易成为自由电子，而不受局域原子核的束缚），同方向自旋电子排布 5 个，异方向自旋电子排布 2.88 个。

但值得注意的是，这 10 种过渡元素中，铬（Cr）和铜（Cu）的 3d 壳层电子数分别为 5、10，4s 壳层电子排布为 $4s^1$，这是由于洪特规则的特例。

本节重点

(1) 元素的核外电子排布遵循哪三条规则？

(2) 何谓过渡族元素？它们的核外电子排布有什么共同特点？

(3) 过渡元素的 3d 轨道与 4s 轨道电子的能量十分接近。

表 1—4　3d 壳层的电子结构

元素		21	22	23	24	25	26③	27②	28③	29	30
	原子序数	21	22	23	24	25	26③	27②	28③	29	30
	元素名②	Sc^{3dT}	Ti^{3dT}	V^{3dT}	Cr^{3dT}	Mn^{3dT}	Fe^{3dT}	Co^{3dT}	Ni^{3dT}	Cu	Zn
	磁性	顺磁性	顺磁性	顺磁性	反铁磁性	反铁磁性	铁磁性	铁磁性	铁磁性	抗磁性	抗磁性
电子的壳层结构	3d 电子数及其自旋排布（元素结构①）	$3d4s^2$	$3d^24s^2$	$3d^34s^2$	$3d^54s^1$	$3d^54s^2$	$3d^64s^2$	$3d^74s^2$	$3d^84s^2$	$3d^{10}4s^1$	$3d^{10}4s^2$
	4s 壳层电子数	2	2	2	1	2	2	2	2	1	2

① 每一种元素的 $1s^22s^22p^63s^23p^6$ 壳层均省略。

② 上角标为 3dT 的元素称为 3d 壳层过渡元素。

③ 铁磁性元素晶体中不成对电子数的实测值比按洪特规则预测的值要小。

1.3.2 某些 3d 过渡金属原子及离子的电子排布及磁矩

磁性体中磁极化的担当者，是由于电子运动造成的磁偶极矩。尽管核内质子的运动（自旋）也会产生磁偶极矩，但与电子运动的贡献相比要小得多，在处理永磁体等强磁性体时，忽略核磁矩的贡献不会产生什么问题。为了理解永磁材料磁极化的大小，必须了解由电子运动产生的磁偶极矩的大小。

电子的运动分轨道运动和自旋运动。处于最低能量状态的电子（沿能量最低轨道回旋的电子）产生的磁偶极矩 μ_{Bohr}，其大小经计算为：

$$\mu_{Bohr} = \frac{\mu_0 e \hbar}{2m_e} \qquad (1\text{-}1)$$

式中，e、m_e 分别是电子电量和电子质量；$\hbar = h/(2\pi)$（h 为普朗克常数）；μ_{Bohr} 称为**波尔磁子**（B.M.），作为测量原子的磁偶极矩的单位，经常使用。在 SI 单位制中，$1\mu_{Bohr}$ 的大小为 1.165×10^{-29}Wb·m。按上述模型，由于电子的角动量 l_{Bohr} 可由 $\hbar$ 表示，故上式可表示为：

$$\mu_{Bohr} = -\frac{\mu_0 e}{2m_e} l_{Bohr} \qquad (1\text{-}2)$$

等号右边的负号意味着电子的磁偶极矩与其角动量方向相反。

电子的轨道形状各式各样，例如有球形轨道和哑铃轨道等。为了更精确地了解电子的磁矩，需要用到量子力学。若轨道角动量取作 l、自旋角动量取作 s，则由 l 和 s 决定的磁偶极矩 M_l 和 M_{spin} 分别由下面两式给出：

$$M_l = -\frac{\mu_0 e}{2m_e} l \qquad (1\text{-}3)$$

$$M_{spin} = -2\frac{\mu_0 e}{2m_e} s \qquad (1\text{-}4)$$

磁性材料所涉及的原子都具有多个电子，因此其磁偶极矩是各电子所具有的磁偶极矩的合成。**对于原子的各轨道填满电子（满壳层）的原子来说，其合成角动量为 0。** 由于许多物质是电子轨道相重叠（相互达到满壳层）的化合物，因此自然界中存在的物质并非都具有磁矩。

本节重点

(1) 分析 3d 过渡元素中性原子的磁矩。

(2) 如表 1-5、表 1-6 中所列，分析 3d 过渡金属离子的电子排布和离子磁矩。

(3) 如表 1-7 所列，比较反尖晶石和正尖晶石中每个分子的净磁矩。

表 1-5　3d 过渡元素中性原子的磁矩

不成对的 3d 电子数	原子	总电子数	3d 轨道电子的排布	4s 电子数
3	V	23	[↑][ ][↑][ ][↑][ ][ ][ ][ ][ ]	2
5	Cr	24	[↑][ ][↑][ ][↑][ ][↑][ ][↑][ ]	1
5	Mn	25	[↑][ ][↑][ ][↑][ ][↑][ ][↑][ ]	2
4	Fe	26	[↑↓][↑][ ][↑][ ][↑][ ][↑][ ]	2
3	Co	27	[↑↓][↑↓][↑][ ][↑][ ][↑][ ]	2
2	Ni	28	[↑↓][↑↓][↑↓][↑][ ][↑][ ]	2
0	Cu	29	[↑↓][↑↓][↑↓][↑↓][↑↓]	1

表 1-6　某些 3d 过渡元素离子的电子排布和离子磁矩

离子	电子数	3d 轨道电子排布	离子磁矩（玻尔磁子）
Fe^{3+}	23	[↑][↑][↑][↑][↑]	5
Mn^{2+}	23	[↑][↑][↑][↑][↑]	5
Fe^{2+}	24	[↑↓][↑][↑][↑][↑]	4
Co^{2+}	25	[↑↓][↑↓][↑][↑][↑]	3
Ni^{2+}	26	[↑↓][↑↓][↑↓][↑][↑]	2
Cu^{2+}	27	[↑↓][↑↓][↑↓][↑↓][↑]	1
Zn^{2+}	28	[↑↓][↑↓][↑↓][↑↓][↑↓]	0

表 1-7　在正尖晶石和反尖晶石铁氧体中，每个分子的离子排列和净磁矩

铁氧体	结构	四面体间隙占位	八面体间隙点位		净磁矩 /(μ_B/分子)
$FeO \cdot Fe_2O_3$	反尖晶石	Fe^{3+} 5 ←	Fe^{2+} 4 →	Fe^{3+} 5 →	4
$ZnO \cdot Fe_2O_3$	正尖晶石	Zn^{2+} 0	Fe^{3+} 5 ←	Fe^{3+} 5 →	0

1.3.3　3d 原子磁交换作用能与比值 a/d 的关系
——交换积分 $J>0$ 是产生自发磁矩的必要条件

a/d 是某些 3d 过渡元素的平衡原子间距 a 与其 3d 电子轨道直径 d 之比。存在正交换作用能的元素为铁磁性的，存在负交换作用能的元素为反铁磁性的。通过 a/d 比值的大小，可计算得知两个近邻电子接近距离（即 $r_{ab}-2r$）的大小，进而由 Bethe—Slater 曲线得出交换积分 J 及原子磁交换能 E_{ex} 的大小。

原子磁交换作用能的海森伯格（Heisenberg）交换模型：

$$E_{ex}=-2J\sum_{i<j}S_i\ S_J \tag{1-5}$$

在此基础上，奈尔总结出各种 3d、4d 及 4f 族金属及合金的交换积分 J 与两个近邻电子接近距离的关系，即 Bethe—Slater 曲线。从图 1—16 中可以看出，当电子的接近距离由大减小时，交换积分为正值，并有一个峰值，Fe、Ni、Ni-Co、Ni—Fe 等铁磁性物质正处于这一段位置。但当接近距离再减小时，则交换积分变为负值，Mn、Cr、Pt、V 等反铁磁性物质正处于该段位置。当 $J>0$ 时，各电子自旋的稳定状态（E_{ex} 取极小值）是自旋方向一致平行的状态，因而产生了自发磁矩。这就是铁磁性的来源。当 $J<0$ 时，则电子自旋的稳定状态是近邻自旋方向相反的状态，因而无自发磁矩。这就是反铁磁性。

本节重点
（1）磁性是材料的固体行为，磁交换作用能的正负与 a/d 相关。
（2）写出原子磁交换作用能的海森伯格交换模型表达式。
（3）画出原子间距离与交换积分 J 之间关系的 Bethe-Slater 曲线。

磁交换作用能与比值 a/d 的函数关系

$$\frac{a}{d} = \frac{\text{原子平衡间距}}{3d\ \text{轨道直径}}$$

a/d 是某些 3d 过渡族元素的平衡原子间距与其 3d 电子轨道直径之比。存在正交换作用能的元素为铁磁性的，存在负交换作用能的元素为反铁磁性的。

图 1–16　表示原子间距离与海森伯格 (Heisenberg) 交换积分 J 之间关系的 Bethe–Slater 曲线

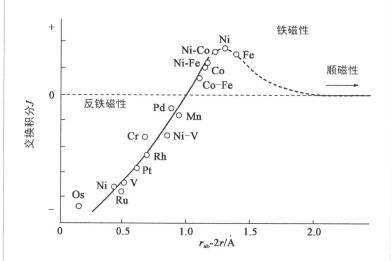

［横轴表示从原子间距 r_{ab} 减去电子轨道的大小 $2r$ 的差，纵轴表示从实验数据定性推出的（由 Néel）交换积分］

1.3.4　Fe 的电子壳层和电子轨道，合金的磁性

——斯拉特－泡利（Slater—Pauling）曲线

质量为 m，电荷为 e 的电子的轨道运动和自旋运动如图 1-17 所示。

由元素周期表上相互接近的元素组成的合金，其平均磁矩是外层电子数的函数。将 3d 过渡金属二元合金的磁矩对每个原子平均电子数（e/a）作图，得到的曲线称为 Slater-Pauling 曲线（图 1-18）。

铁磁性元素 Fe、Co、Ni 为 3d 过渡元素的最后三个，其 3d 电子按洪特规则和泡利不相容原理排布，存在不成对电子，由此产生原子磁矩。以 Fe-Co 系统（图中用黑点表示）为例，从 Fe 的 2.12 开始，随着 Co 含量的增加，原子磁矩增加，成分正好为 $Fe_{70}Co_{30}$ 时取最大值，大约为 $2.5\mu_B$（μ_B 为玻尔磁子），而后下降。根据 Slater—Pauling 曲线可以得出如下结论：

（1）迄今为止，由合金化所能达到的原子磁矩，最大值约为 $2.5\mu_B$；

（2）合金由元素周期表上相接近的元素组成时，其原子磁矩与合金元素无关，仅取决于平均电子数；

（3）当比 Cr 的电子数少（3d 轨道电子数不足 5）时，不会产生铁磁性。

本节重点

（1）3d 过渡金属的磁性主要取决于轨道磁矩还是自旋磁矩？

（2）画出斯拉特-泡利（Slater-Pauling）曲线，解释所代表的意义。

（3）解释在 3d 铁磁性金属中，Fe 的磁性最强，Co 次之，Ni 最弱。

图 1-17 质量为 m，电荷为 e 的电子的轨道运动和自旋运动

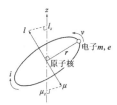

$$\mu = -\frac{e\hbar}{2m} \times \frac{l}{\hbar} = -\mu_B \frac{l}{\hbar}$$

（a）轨道运动产生的
角动量 l 和磁矩

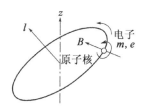

$$\mu_s = -2\mu_B \frac{S}{\hbar}$$

（b）自旋运动产生
的自旋磁矩

图 1-18 3d 过渡金属二元合金的 Slater-Pauling 曲线

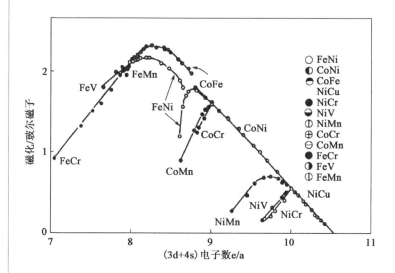

3d 过渡族金属二元合金的磁矩对每个原子平均电子数 (e/a) 的作图

1.4 稀土元素磁性之源
1.4.1 稀土元素
——4f 亚层电子未填满的元素

稀土就是元素周期表中镧系元素以及与镧系元素化学性质相似的两个元素——钪 (Sc) 和钇 (Y)，即化学周期表 IIIB 族中原子序数为 21、39 和 57 ～ 71 的 17 种化学元素的统称。

稀土一般是以氧化物状态分离出来的，当时又很稀少，因此得名为稀土。我国用 "RE" (rare earth) 表示稀土的符号。实际上它们在地壳内的含量并不低，最高的铈是地壳中第 25 丰富的元素，比铅的含量还要高。因此，国际纯粹与应用化学联合会现在已经废弃了 "稀土金属" 这个称呼。

稀土元素具有一系列有别于其他元素特点的根本原因在于它的电子层结构。稀土元素的 5p、6p 轨道的电子数不变，但具有不同的 4f 轨道电子。由于具有未填满的 4f 电子层结构，由此可以产生多种多样的电子能级。稀土元素的电子排布如图 1-19 所示。

稀土元素有多种分组方法，目前最常用的有两种。

两分法：铈族稀土，La ～ Eu，亦称轻稀土 (LREE)；钇族稀土，Gd ～ Lu+Y，亦称重稀土 (HREE)。两分法分组以 Gd 划界的原因是：从 Gd 开始在 4f 亚层上新增加电子的自旋方向改变了。而 Y 归入重稀土组主要是由于 Y^{3+} 的离子半径与重稀土相近，化学性质与重稀土相似，它们在自然界密切共生。

三分法：轻稀土为 La ～ Nd；中稀土为 Sm ～ Ho；重稀土为 Er ～ Lu+Y。

稀土元素的特点如图 1-20 所示。

本节重点
(1) 何谓稀土元素？按原子序数从小到大写出稀土元素的名称及元素符号。
(2) 指出稀土元素的共同特征。
(3) 解释造成稀土元素共同特征的原因。

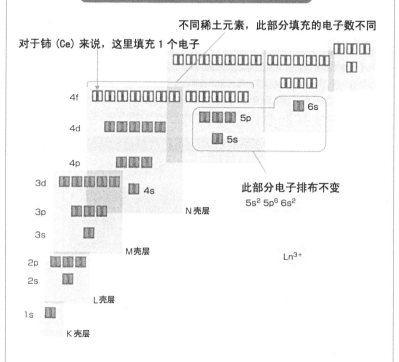

图 1-19 稀土元素的电子排布

图 1-20 稀土元素的特点

1.4.2 稀土元素的主要用途

——除永磁之外，还广泛用于发电、
显示、光纤放大器、催化等

地球上稀土资源很丰富，但分布不均，主要集中在中国、美国、印度、俄罗斯、南非、澳大利亚、加拿大、埃及等国家。我国的稀土资源非常丰富。美国《国防供应链中的稀土原料》报告显示：2009 年，中国稀土储量为 3600 万吨，占世界 36%；产量则为 12 万吨，占世界产量的 97%。我国稀土资源比较集中的地方是内蒙古、江西、四川、山东、广东等，形成"北轻南重"的特点，即北方以轻稀土为主，南方以重稀土为主。

稀土作为基体元素能制造出具有特殊"光、电、磁"性能的功能材料，如稀土永磁材料、荧光发光材料、储氢储能材料、催化剂材料、激光材料、超导材料、光导材料、功能陶瓷材料、生物工程材料和半导体材料等。稀土永磁材料钕铁硼是当今磁性能最强的永磁材料，被称作"一代磁王"。稀土永磁材料用于电机，可使同等功率的电机体积和重量减少 30% 以上。用稀土永磁同步电机代替工业上耗能最多的异步电机，节电率达 12% ~ 15%。

稀土作为改性添加元素也已广泛应用于冶金、机械、石油、化工、玻璃、陶瓷、纺织、皮革、农牧养殖等传统产业领域。

稀土元素的主要元素及用途如图 1—21 所示，稀土永磁的组成比例与分布特点如图 1—22 所示，稀土永磁元素如表 1—8 所列。

本节重点

(1) 介绍稀土元素的主要用途，每种用途举出典型实例。

(2) 说明稀土资源的分布特点。

(3) 指出国际市场稀土供销的最新信息。

图 1-21 稀土元素的主要元素及用途

主要稀土元素名称	主要用途
钕	永磁体
钐	永磁体
镧	光学透镜
镝	夜光涂料、永磁体
铒	光纤放大器、变频器
钬	激光器
铕	荧光灯、PDP、LED、OLED 用发光材料

稀土元素除用于永磁体之外，在透镜等光学材料、荧光灯用发光体，以及耐热性、耐冲击优良的陶瓷材料等方面用途广泛。近年来，稀土元素在作为PDP显示器、LED、OLED发光材料，光纤放大器、变频器等方面的应用急剧扩展。

图 1-22 稀土永磁的组成比例与分布特点

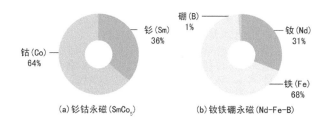

钴(Co) 64%
钐(Sm) 36%

(a) 钐钴永磁(SmCo$_5$)

硼(B) 1%
钕(Nd) 31%
铁(Fe) 68%

(b) 钕铁硼永磁(Nd-Fe-B)

稀土元素的分布特点
❶地球上仅分布在少数地区，且属于未充分开发的元素；
❷即使局域富集，但由于广域分散，提取困难，经济效益低下；
❸即使局域富集，但由于易活性化，很难以纯净的元素提取。

表 1-8 稀土永磁元素一览表

元素名称	钪	钇	镧	铈	镨	钕	钷	钐	铕	钆	铽	镝	钬	铒	铥	镱	镥
元素符号	Sc	Y	La	Ce	Pr	Nd	Pm	Sm	Eu	Gd	Td	Dy	Ho	Er	Tm	Yb	Lu
原子序数	21	39	57	58	59	60	61	62	63	64	65	66	67	68	69	70	71

书角茶桌
地磁场消失则会导致天下大乱

地磁场是由于地球内部等离子体的运动造成的电动（dynamo）效应而产生的。像有些科幻电影所描述的那样，若地心（core）停止旋转，地磁场便会消失，由此会引发灾难性后果：装心脏起搏器的患者因心脏停止跳动而死亡，飞机、轮船因不能导航而事故频发，成千上万的候鸟因不能辨别方向而漫天乱飞，航天器因不能正确控制而难以返航……可以说会天下大乱。那么，地磁场真的会消失吗？

古地磁学早已判明，地磁场的 NS 极会发生缓慢反转，其反转速度大约每数十万年 $1°$。通过对地球内部的等离子体进行模拟，可以验证地磁场 NS 极反转的结论：现在的地磁场有不断减少的趋势。最终减少到零的可能性还是存在的，但是，绝不会像某些科幻电影所描述的那样，地磁场在短短的 1 年间就急速减小为乌有。

对于地球来说，另一个十分重要的问题是，面对蜂拥而来的太阳风（来自太阳的伴随有磁场的高速等离子体），地磁场担负着守卫地球环境的作用。

作为人们谈论的内容，通过超耐热、超耐高压的材料开发，制作能达地心的探查船，通过引发核爆炸等，模拟流体的生成，便可以形成磁场。当然，这种超耐热、超耐高压的潜行船目前看来还是梦想，但说不定在较远的将来，会依照人们想不到的形式对地球内部进行观察、潜行。

人类早已实现宇宙远方的航天飞行，但对于离人类最近的地球来说，钻孔的最大深度也不到 13km。期待今后对地球内部的研究更加深入。

第 2 章

磁化、磁畴和磁滞回线

书角茶桌
　　梦幻般的单极子

2.1　磁化、磁畴及磁畴壁的运动

2.1.1　磁性体的自发磁化和磁畴的形成

——从自发磁化到磁畴的形成，再到充磁后磁化的定向排列

一般情况下，磁性体会自然地具有磁学特性，称这种磁学特性为自发磁性，或自发磁化。

而且，自发磁性具有温度相关性，在 0 K（−273℃）时最大。这种特性随着温度的升高而下降，在居里点，一切磁性都会消失。也就是说，变为非磁性体。图 2-1 表示磁性材料的自发磁化与温度的关系。

当然，自发磁化是将其整体看成是一个永磁体而出现的，从这种意义上讲，在绝对 0 K，即 −273℃ 下，自发磁化取最大，即使不从外部给予磁性能量，也会自然成为永磁体。换句话说，铁等铁磁性体只要温度下降到 −273℃，从道理上讲，会成为强力永磁体。

但是，这毕竟是针对一个磁畴内的情况而言的，实际上，在铁中存在无数这样的微小磁体，它们的自旋方向是各种各样的，如图 2-2(a) 所示。因此，即使温度下降到 −273℃，磁性体整体也不会成为永磁体。

图 2-2 (b) 表示室温情况的自旋排列。不仅每个磁畴的自旋方向各不相同，而且，即使在同一磁畴中，自旋也有平行和反平行（少量）之分，磁畴内的自发磁性是二者抵消后的剩余。因此，这种状态只能对应单纯的磁性材料，而其不具有磁性吸引力。图 2-2 (c) 表示绝对零度情况，如图中所示，在一个磁畴内，此时的自发磁性最大。但是，即使在这种情况下，磁性体整体也不会成为永磁体。图 2-2 (d) 表示沿着上下方向充磁后的情况。其中，所有磁畴内的自发磁性达到最大，自旋也集中于从下而上的方向。只有在这种情况下，磁性体才开始变为永磁体。

(1) 磁性体的自发磁化和磁畴的形成。

(2) 自发磁化在 0 K 为最大，在居里点为 0。

(3) 磁性体充磁后的模式。

图2-1 自发磁化与温度的关系

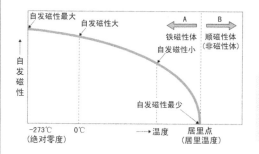

<table>
<tr><td>何谓自发磁化</td></tr>
<tr><td>所谓自发磁化是指铁等铁磁性体内自然具有磁性的现象，该现象发生于各个不同的磁畴内。</td></tr>
</table>

图2-2 磁性体的磁化模式

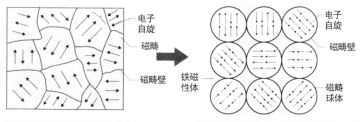

(a)磁畴的说明图(磁畴壁和自旋)　　(b)室温情况(磁畴内自旋方向并非完全一致)

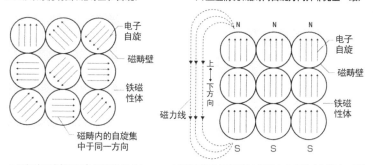

(c)绝对零度情况(自发磁化最大)　　(d)被充磁的情况(所有磁畴内的自旋方向完全一致)

(图中的所谓"磁畴球体"是为了便于理解磁畴内的自旋方向可以自由运动的模样，将磁畴作为球体而表现的模型图示，这是作者自造)

2.1.2　磁畴
——所有磁偶极子（磁矩）定向排列的区域

　　法国科学家外斯系统地提出了铁磁性假说：铁磁性物质内部存在很强的"分子场"，在分子场的作用下，**原子磁矩**趋于同向平行排列，自发磁化至饱和，称为**自发磁化**；铁磁体自发磁化成若干个小区域，这种自发磁化至饱和的小区域称为**磁畴**（图2-3、表2-1）。磁畴的磁化方向各不相同，其磁性彼此相互抵消，所以大块铁磁体对外不显示磁性。

　　实验证明，铁磁性物质自发磁化的根源是原子磁矩，而且在原子磁矩中起主要作用的是**电子自旋磁矩**。原子的电子壳层中存在没有被电子填满的状态是产生铁磁性的必要条件。另外，产生铁磁性还要考虑形成晶体时，原子直接的互相键和的作用是否对形成铁磁性有利。原子互相接近形成分子时，电子云要相互**重叠**，电子要相互交换位置。对于过渡族金属，原子的3d状态和4s状态能量相差不大，电子云也会重叠，引起s、d电子的再分配。这种交换产生交换能，这种交换可能使得相邻原子内d层未抵消的自旋磁矩同向排列起来。当磁性物质内部相邻原子的**电子交换积分**为正时，相邻原子磁矩将同向平行排列，从而实现自发磁化。这种相邻原子的电子交换效应，其本质仍是静电力迫使电子自旋磁矩平行排列，其作用效果好像强磁场一样。外斯分子场就因此得名。

　　磁畴已被实验观察所证实，有的磁畴大而长，称为主畴，其自发磁化方向必定沿着晶体的易磁化方向。小而短的磁畴称为副畴，其磁化方向不一定就是晶体的易磁化方向。

本节重点

　　（1）何谓磁畴？试对充磁与消磁状态下磁畴的状态加以对比。

　　（2）解释磁畴形成的原因。

　　（3）磁畴中主畴和副畴各有什么特点？

图 2-3　何谓磁畴——所有磁偶极子同向排列的区域

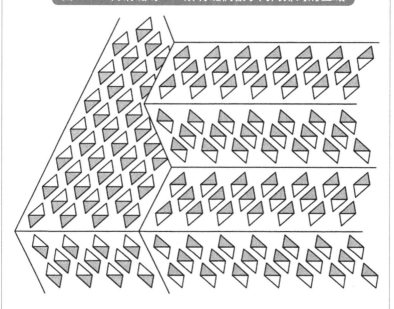

（每个磁畴中的所有磁偶极子同向排列，但畴与畴之间随机排列，所以不存在净磁矩）

表 2-1　一些典型材料的居里温度

材料	居里温度/℃	材料	居里温度/℃
钆（Gd）	16	铁（Fe）	771
$Nd_2Fe_{12}B$	312	铝镍钴	780
镍（Ni）	358	铜镍钴	855
$BaO \cdot 6Fe_2O_3$	469	铝钴镍-5	900
Co_5Sm	747	钴（Co）	1117

2.1.3 磁畴结构及磁畴壁的移动

——平衡状态时的畴结构应使各种能量之和取最小值

相邻磁畴的界限称为**磁畴壁**，磁畴壁是一个过渡区，具有一定的厚度。磁畴的磁化方向在畴壁处不能突然转一个很大的角度（主要有180°和90°两种），而是经过畴壁一定厚度逐步转过去的，即在这个过渡区中原子磁矩是逐步改变方向的。畴壁内部的能量总比畴内的能量高，壁的厚薄和面积大小都使它具有一定能量。

磁畴的形状尺寸、畴壁的类型与厚度总称为磁畴结构。同一磁性材料，如果磁畴结构不同，则其磁化行为也不同，所以磁畴结构不同是铁磁性物质磁性千差万别的原因之一。磁畴结构受到交换能、各向异性能、磁弹性能、磁畴壁能、退磁能的影响。平衡状态时的畴结构，这些能量之和应具有最小值。

根据自发磁化理论，在冷却到居里点以下而不受外磁场作用的铁磁晶体中，由于交换作用使得整个晶体自发磁化达到饱和，显然，磁化方向应该沿着晶体的易磁化轴，因为这样交换能和磁晶能才都处于最小值。但因为晶体有一定的大小与形状，整个晶体均匀磁化的结果必然产生磁极，磁极的退磁场却给系统增加了一部分退磁能。对于"单畴"，从能量观点，把磁体分为 n 个区域时，退磁能降为原来的 $1/n$，减少退磁能是分畴的基本动力。但由于两个相邻磁畴间存在畴壁，又需要增加一定的畴壁能，因此自发磁化区域的划分不能无限小，而是以畴壁能及退磁能相加等于极小值为条件。为了降低能量，晶体边缘表面附近为封闭磁畴，它们使得退磁能降为零。一个系统从高磁能的饱和组态变为低磁能的分畴组态，从而导致系统能量降低的可能性是形成磁畴结构的原因。

本节重点

（1）何谓畴结构？同一磁性材料的磁性千差万别的原因何在？

（2）磁畴结构会受到哪些能量的影响？

图 2-4　磁畴结构及磁畴壁的移动

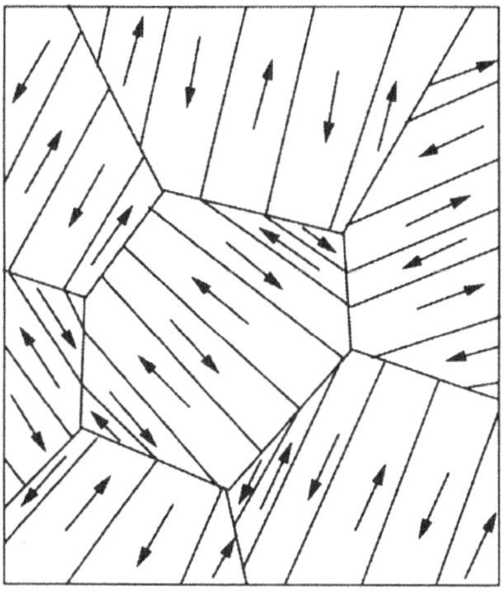

磁畴结构实例

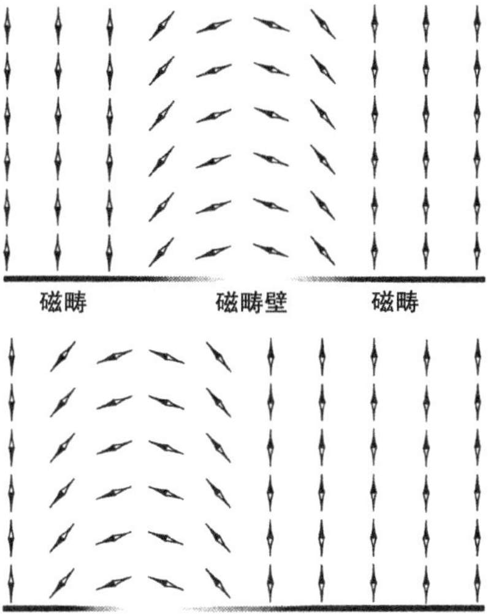

磁畴壁的移动

磁畴　　　　磁畴壁　　　磁畴

磁场方向

◀── 磁畴壁的移动方向

2.1.4 外加磁场增加时，磁畴的变化规律

——"顺者昌，逆者亡"

在可迁移阶段之后，外加磁场继续增加时，畴壁会脱离夹杂物而迁移到两夹杂物之间的地方，为了处于稳态，又会自动迁移到下一排夹杂物的位置。畴壁的这种迁移，不会因为磁场的取消而自动迁移返回到原来的位置，称为不可逆迁移。磁矩瞬时转向易磁化方向。结果是整个材料成为一个大磁畴，其磁化强度方向是晶体易磁化方向。

图2-5显示了铁单晶晶须内的畴壁在外加磁场作用下是如何移动的。磁畴壁藉由Bitter技术显露出来——将已抛光的铁试样表面浸泡在铁氧化物的胶体溶液中。畴壁的运动通过光学显微镜观察跟踪。运用这种技术，畴壁在外加磁场下运动的许多信息都可以得到。

从图2-5中可以看出，随着外加磁场的增加，那些磁矩方向与外磁场方向一致的磁畴变大，而那些磁矩方向与外磁场方向相反的磁畴变小。随着外磁场的增加，在磁场中静磁能最小的磁畴开始长大，逐渐"吃掉"能量上不利的磁畴。继续增加外磁场，则促使整个磁畴的磁矩方向转向外磁场方向，称此为磁畴的旋转。结果是，**磁畴的磁化强度方向与外磁场方向平行，材料宏观磁性最大，以后再增加磁场，材料的磁化强度也不会增加**。

本节重点
(1) 消磁状态下，一个磁畴分成 n 个磁畴的能量转换及平衡关系。
(2) 当外磁场增加时，消磁状态的磁畴如何变化，并画图表示。
(3) 对于多晶体来说，结构缺陷对磁畴结构有何影响？

图 2-5 在外加磁场作用下，铁晶体中磁畴壁的运动

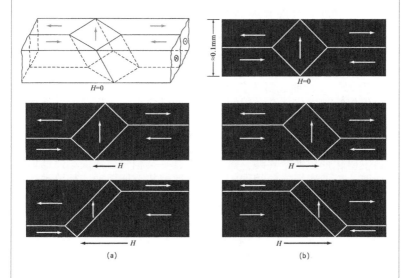

[（a）与（b）的外加磁场自上而下增加]

2.1.5 顺应外磁场的磁畴生长、长大和旋转，不顺应的收缩、消亡

——初始磁化曲线与之相对应

当一个外加磁场作用在一个已完全退磁的铁磁性材料上时，那些初始磁矩平行于外加磁场的磁畴会长大，而那些初始磁矩不利的磁畴会缩小。磁畴生长采取磁畴壁移动的方式，如图 2-6 所示；且随着磁场 H 的增加，B 或 M 快速增加（表现为曲线上升很快）。畴生长之所以首先采取畴壁移动的方式，是由于这种过程比畴旋转需要的能量要小。当磁畴生长完成后，如果外加磁场继续增加，则**畴旋转**开始。畴旋转与畴生长相比，需要大得多的能量，因此，在畴旋转所需要的高磁场下，B 或 M 相对于 H 的曲线斜率变小。当外加磁场去除时，被磁化的材料仍保持被磁化状态，即使由于有些磁畴有趋势旋转回其原始排列而会损失部分磁化。

在外加磁场的作用下，磁畴壁的迁移使得各个磁畴的磁矩方向转到外磁场的方向。具体过程是：在未加外磁场时，材料自发磁化形成两个磁畴，磁畴壁通过夹杂相。当外磁场逐渐增加时，与外磁场方向相同的那个磁畴壁将有所移动，壁移动的过程就是壁内原子的磁矩依次转向的过程。最后可能变成几段圆弧线，但它暂时还离不开夹杂物。如果此时取消外磁场，磁畴壁又会迁移到原位，因为原位状态能量低。此为可逆迁移。图 2-6 中显示，当一个退磁的铁磁性材料被外加磁场磁化并达到饱和的过程中，磁畴的生长、旋转和长大。

本节重点

（1）在外磁场作用下，磁畴壁是如何运动的，请画图表示。

（2）被外磁场磁化并达到饱和过程中，磁畴的生长、旋转和长大规律。

（3）描画磁化曲线，与上述过程相对应。

图 2-6　顺应外磁场的磁畴生长、长大和旋转，不顺应的磁畴收缩

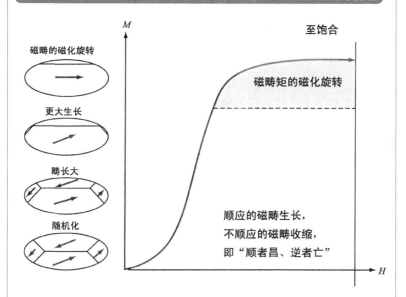

（当一个消磁的铁磁性材料在被外加磁场磁化并达到饱和的过程中，磁畴生长、旋
转和长大）

2.2 决定磁畴结构的能量类型
2.2.1 决定磁畴结构的能量类型之一
——静磁能

　　磁畴理论最早由 Landau 和 Liftshitz 在 1935 年提出，他们使用能量极小值法给出了磁畴存在的理论基础，并进而讨论了磁畴的运动和磁导率问题。磁畴的存在可以说是铁磁体中各种能量（包括静磁能、磁交换作用能、磁晶各向异性能、磁致伸缩能）相互折中的结果，最终的磁畴分布状态会使总能量达到最小值。为了降低交换作用能和磁晶各向异性能，铁磁体的自发磁化方向会沿着易磁化轴方向。这样，这两种能量可以降低到最低。而磁化的过程中产生的磁荷会增加静磁相互作用能，为了减少静磁相互作用能，铁磁体分为若干个磁畴，使得铁磁体整体不显磁性。磁畴内部的磁矩方向一致，磁畴与磁畴之间存在着畴壁，比较典型的畴壁为 Bloch 畴壁和 Neel 畴壁，这两种畴壁与材料的几何形状相关，分别存在于薄膜和块体材料中。

　　磁畴的成因说到底，是为了降低由于自发磁化所产生的静磁能。图 2-7 (a) 表示整个铁磁体均匀磁化而不分畴的情形。在这种情况下，正负磁荷分别集中在两端，所产生的磁场（称为退磁场）分布在整个铁磁体附近的空间内，因而有较高的静磁能。图 2-7 (b)、(c) 表示分割成若干个磁化相反的小区域。这时，退磁场主要局限在铁磁体两端附近，从而使静磁能降低。计算表明，如果分为 n 个区域，能量约可以降至 $1/n$。

本节重点

(1) 磁畴的成因归根到底是什么？

(2) 何谓静磁能？写出永磁体所产生静磁场的能量表达式。

(3) 一个磁畴分为 n 个小磁畴，则静磁能变为原来的 $1/n$。

图 2-7　决定磁畴结构的能量类型之———静磁能

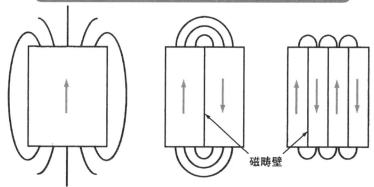

磁畴壁

(a) 一个磁畴，很高的静磁能　(b) 两个磁畴，低于　(c) 四个磁畴，低于
　　　　　　　　　　　　　　　(a) 的静磁能　　　　　(b) 的静磁能

图中示意性地表明，减小磁性材料的畴尺寸是如何通过减小外部磁场来降低静磁能的

2.2.2 决定磁畴结构的能量类型之二
——磁交换作用能

交换作用是电子间的一种量子力学效应，这种作用从性质上说，是一种静电相互作用，它使得自旋平行的一对电子和自旋反平行的一对电子具有不同的能量。在固体中，磁性电子往往从属于相应的磁性离子。因此通常也有两个磁性离子之间或两个磁矩之间的交换作用这样的说法。

各向异性交换作用的强度比各向同性交换作用小，它是磁性材料中磁晶各向异性的重要来源。交换作用是造成固体磁有序的决定性因素。

单纯从静磁能看，自发磁化趋向于分割成为磁化方向不同的磁畴，分割越细，静磁能越低。但是，形成磁畴也是要付出代价的。相邻磁畴之间，破坏了两边磁矩的平行排列，使交换能增加。为减少交换能的增加，相邻磁畴之间的原子磁矩，不是骤然转向的，而是经过一个磁矩方向逐渐变化的过渡区域。这种过渡的区域称为畴壁，如图2-8 (a) 所示。在畴壁内，原子磁矩不是平行排列的，同时也偏离了易磁化方向，所以在过渡区域内增加了磁交换作用能和磁各向异性能，这就是建立畴壁所需的畴壁能[图2-8 (b)]。磁畴分割得越细，所需畴壁数目越多，总的畴壁能越高。由于这个缘故，磁畴的分割并不会无限地进行下去，而是进行到再分割所增加的畴壁能超过静磁能的减少时为止。此时体系的总自由能最低。

一般地说，大块铁磁物体分成磁畴的原因是短程强交换作用和长程静磁相互作用共同作用的结果。根据相邻磁畴磁化方向的不同，可把畴壁区分为180°壁和90°壁。畴壁具有一定的厚度 δ_0，如铁晶体的畴壁约含1000个原子层。畴壁厚度取决于交换能和各向异性能的比值，某些稀土金属间化合物在低温下可形成一至几个原子层的窄畴壁。

图 2-8 决定磁畴结构的能量类型之二——磁交换作用能

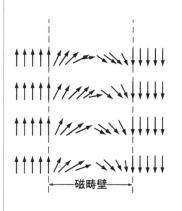

磁畴壁

（a）磁畴（Bloch）壁内的
磁偶极子排列

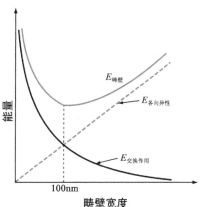

（b）磁交换作用能、磁晶各向异性能
和畴壁宽度之间的关系（平横
畴壁宽度大约 100nm）

2.2.3 决定磁畴结构的能量类型之三

——磁晶各向异性能

单晶体中原子排列的各向异性往往会导致其许多物理和化学性能具有各向异性，磁性为其中一种。单晶体沿不同晶轴方向上磁化所测得的磁化曲线和磁化到饱和的难易程度不同。即，在某些晶轴方向的晶体容易磁化，而沿某些晶轴方向不容易磁化，这种现象称为磁晶各向异性。

通常最容易磁化的晶轴方向称为易磁化方向，所在的轴称为**易磁化轴**；最难磁化的是难磁化方向和难磁化轴。在三种铁磁体元素中 Fe 为立方体（bbc）结构（图 2-9），其 $\langle 100 \rangle$ 的 3 个轴为易磁化轴，$\langle 111 \rangle$ 的 4 个轴为难磁化轴（如图 2-10 所示）；Ni 为面心立方（fcc）结构，其中 $\langle 111 \rangle$ 的 4 个轴为易磁化轴，其 $\langle 100 \rangle$ 的 3 个轴为难磁化轴；Co 为密排六方（hcp）结构，其 [0001] 为易磁化轴，其 $\langle 1120 \rangle$ 的 3 个轴为难磁化轴。

对于铁磁性单晶体来说，未加外部磁场时，其自发磁化方向与其易磁化轴方向一致，要使自发磁化方向从易磁化轴方向向其他方向旋转，必须要施加外部磁场，即需要能量。或者说晶体在磁化过程中沿不同晶轴方向所增加的自由能不同，通常沿易磁化轴方向最小，沿难磁化轴方向最大。我们称这种与磁化方向有关的自由能为磁晶各向异性能。

若仅从磁晶各向异性能角度看，其小，对作为软磁材料有利，其大，对作为硬磁材料有利。取决于晶体结构，不同晶体学方向的磁晶各向异性的差异是不同的。体心立方的差异最小，因此纯铁多作为软磁材料使用；密排六方的差异最大，因此钴多作为硬磁材料使用。

本节重点

(1) 何谓磁晶各向异性能？其大小对于软磁和硬磁材料各有什么意义？

(2) 指出 Fe（bcc）、Ni（fcc）、Co（hcp）的易磁化轴和难磁化轴。

(3) 为什么纯铁多作为软磁材料使用，而钴多作为硬磁材料使用？

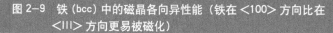

图 2-9 铁 (bcc) 中的磁晶各向异性能（铁在 <100> 方向比在 <III> 方向更易被磁化）

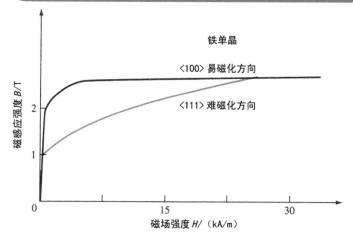

图 2-10 Fe 的晶体结构及易磁化轴和难磁化轴

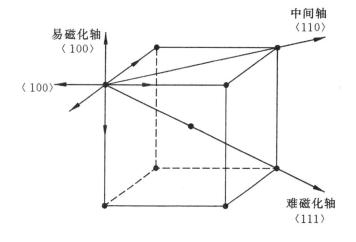

2.2.4　决定磁畴结构的能量类型之四

——磁致伸缩能

　　铁磁性物质在外磁场作用下，其尺寸伸长（或缩短），去掉外磁场后，其又恢复原来的长度，这种现象称为磁致伸缩现象（或效应）。磁致伸缩效应可用磁致伸缩系数（或应变）λ 来描述，$\lambda = (l_H - l_0) / l_0$，式中，$l_0$ 为原来的长度；l_H 为物质在外磁场作用下伸长（或缩短）后的长度。一般铁磁性物质的 λ 很小，约为百万分之一，通常用 $\times 10^{-6}$ 代表。例如金属镍（Ni）的 λ 约 40×10^{-6}，如图 2-11 所示。

　　发生磁致伸缩的原因是磁性离子之间的相互作用能随磁性离子的间距及磁矩的取向而变化，于是当磁矩取向改变时，磁性离子的间距将发生变化，以调整其磁相互作用能，使整个系统的能量回到极小值。在技术磁化过程中，磁畴结构改变并趋向同一方向时，便能观察到磁致伸缩的宏观效应。

　　图 2-12 表示铁、钴、镍铁磁性元件的磁致伸缩特性；图 2-12 表示立方磁性材料的磁致伸缩情况，在不同晶向上，无论磁致伸缩是负的（a）还是正的（b），都会将磁性材料的磁畴壁拉开距离，而较小的磁畴尺寸结构（c）可降低磁致伸缩应力。

　　利用磁致伸缩效应，人们研发了一系列磁致伸缩材料，主要有磁致伸缩合金、铁氧体磁致伸缩材料和稀土金属间化合物磁致伸缩材料。

本节重点

（1）何谓磁致伸缩能？发生磁致伸缩的原因是什么？

（2）磁致伸缩材料有三类，其中稀土金属间化合物磁致伸缩材料又称超磁致伸缩材料。

图 2-11 铁、钴、镍铁磁性元件的磁致伸缩特性

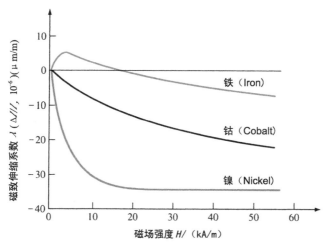

磁致伸缩是以分数表示的相对伸长（或相对收缩），图中它是微米每米为单位表示的

图 2-12 立方磁性材料的磁致伸缩

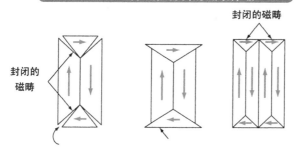

(a) 负的磁致伸缩   (b) 正的磁致伸缩   (c) 较小的磁畴尺寸

2.3 磁滞回线及其决定因素

2.3.1 铁磁性体的磁化曲线

——表征磁性材料磁学性能的基本曲线

将铁等磁性体置于磁场中，若慢慢地增加磁化能（电流），则磁性体内的磁通量也会增加。表示这种关系的曲线称为磁化曲线。由这种曲线可以了解磁性材料的基本特性。

如图2—13所示，随着磁化能增加，磁通密度缓缓增加。从 O 点到 A 点，磁通密度的增加方式是极其缓慢的，在此区域表现出可逆的特征。接着，在从 A 到 B 的范围内，随着磁化能增加，磁场发生剧烈变化，其中伴随着不连续的磁畴壁移动，曲线出现锯齿状，如放大图所示，称此为巴克豪森效应。而后，从 B 到 C 的范围称为旋转磁化区域，在此区域中再次出现磁感应强度缓慢升高的阶段，接着到达磁饱和的 C 点。

所谓旋转磁化区域是指从易磁化轴（磁性体容易被磁化的方向）向着给定的磁场方向发生旋转的区域。而且，在此区域中表现出可逆的特性。图2—14表示不连续磁化区域的磁化曲线。从 A 到 B 的不连续磁化区域中，若使磁化能减少，会形成从 K 到 L 那样的小回线。

下面再看图2—15，图中表示磁性体的磁滞回线，并对该磁滞回线进行了说明。在这种情况下，若从饱和点 C 缓缓地使磁化力减弱，则磁通密度从 C 变化到 D。若进一步在负方向给予磁化力，则会经由 E 到达 F。而后，若由此处再一次外加正的磁化，则会经由 G、H 向着 I 上升。进一步增加磁化力，则会到达最初的饱和点 C。在此之后，依此往返，描画出 CDEFGHIC 大回线，称这种表示磁性体性质的曲线为磁滞回线，其所围的面积表征磁性体中消耗的热能。

(1) 铁磁性体的磁化曲线。

(2) 不连续磁化区域中的磁化曲线。

(3) 磁性体的磁滞回线。

图 2-13　铁磁性体的磁化曲线

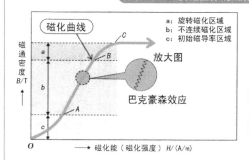

何谓巴克豪森效应

在铁等铁磁性体内，不连续磁畴壁移动活跃进行的现象。而且由此时的磁化现象引起的发热作用也十分明显。

图 2-14　不连续磁化区域中的磁化曲线

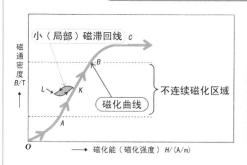

从 A 到 B，如果磁化能降低，则曲线沿 $K \to L$ 的轨迹返回。而且，若从 L 点磁化能增大，则会描画出 $L \to K$ 的轨迹。也就是说，此部分的 B/H 特性表现为图中所示的小（局部）磁滞回线。

图 2-15　磁滞回线（磁化的履历曲线）

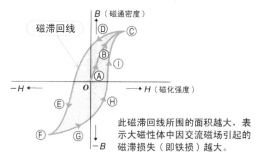

此磁滞回线所围的面积越大，表示大磁性体中因交流磁场引起的磁滞损失（即铁损）越大。

　　如上所述，磁滞损失属于交流磁场中发生的损耗，因此，变压器及电动机中所用磁性材料的磁滞回线面积应尽可能小。

2.3.2 磁滞回线的描画及磁滞回线意义

——磁性材料的磁感应强度 B 相对
于外加磁场强度 H 的闭合曲线

当铁磁质达到磁饱和状态后，如果减小磁化场 H，介质的磁化强度 M（或磁感应强度 B）并不沿着起始磁化曲线减小，M（或 B）的变化滞后于 H 的变化。这种现象称为磁滞。在磁场中，铁磁体的磁感应强度与磁场强度的关系可用曲线来表示，当磁化磁场作周期的变化时，铁磁体中的磁感应强度与磁场强度的关系是一条闭合线，这条闭合线称为磁滞回线。

由于磁性材料对外加磁场作用的磁滞现象，磁性材料在磁场中反复正向、反向磁化时会发热，这些热量的产生当然由外加磁场来付出，磁性材料在反复磁化过程中能力损耗的大小和磁滞回线所包围的面积大小成正比。

对于一般铁磁材料，测量磁滞回线主要是测量**静态的、饱和态的磁滞回线**，回线上有材料的 B_r、H_c 和饱和 B_s 这几个非常有效的磁性静态参数，对使用者对材料的判断有非常大的作用（图2-16）。另外，对于铁磁材料，还有**初始磁导率** μ_i、**最大磁导率** μ_m，这些静态参数也比较重要。

在这里，所谓"软磁材料"，是指磁导率非常高、矫顽力非常小的磁性材料，主要用于线圈及变压器等的铁芯（core）等，具有五种主要的磁特性。

(1) 高的磁导率 μ。
(2) 低的矫顽力 H_c。
(3) 高的饱和磁通密度 B_s 和高的饱和磁化强度 M_s。
(4) 低的磁损耗和电损耗。
(5) 高的稳定性。

所谓"硬磁材料"，是指磁通密度高、矫顽力非常大的磁性材料，俗称永磁材料、"磁钢"等，主要用于强力永磁体等，具有四种主要的磁特性。

(1) 高的矫顽力 H_c。
(2) 高的剩余磁通密度 B_r 和高的剩余磁化强度 M_r。
(3) 高的最大磁能积 $(BH)_{max}$。
(4) 高的稳定性。

本节重点

分别画出软、硬磁的磁滞回线，由此给出软磁材料和硬磁材料的定义。

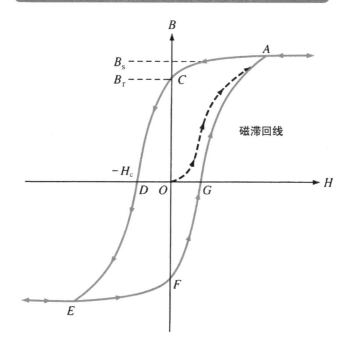

图 2-16　磁滞回线的描画及磁滞回线的意义

　　对于某一磁性材料，磁滞回线是磁感应强度 B 相对于外加磁场强度 H 的闭合回线。曲线 OA 描绘出了退磁试样磁化时的最初 B-H 关系。循环起磁和退磁至饱和磁感应，由此描绘出磁滞回线 $ACDEFGA$。

2.3.3 何谓软磁材料和硬磁材料

——高瘦型和矮胖型的磁滞回线分别对应软磁和硬磁材料

　　磁性材料冠以"软"和"硬"始于何时，已无从考证，也许是从软铁和磁钢作为磁性材料正式投入工业应用开始的。软铁硬度低，且易于充磁、退磁，机械上质软，与磁性上"柔软"、"柔顺"相统一，故称其为"软磁材料"；磁钢硬度高，且难于充磁、退磁，机械上质硬，与磁性上"顽固"、"顽强"相统一，故称其为"硬磁材料"。

　　20世纪中期，磁性材料获得迅猛发展，各式各样的磁性材料纷纷涌现。有些磁性材料力学性能的软硬与磁性的"软硬"已无必然联系。例如，同样是铁氧体，有的是软磁的，有的却是硬磁的。

　　黏结磁体的出现彻底颠覆了磁性材料力学性能的软硬与磁学性能"软硬"的相关性。黏结磁体是将磁性粉末与塑料及橡胶等混合，再经成型制成的。它不仅软而富于挠性（可弯曲甚至折叠），使用起来与橡胶或塑料具有相同感觉。但它却是硬磁的，广泛用于受振动冲击大的车辆用电机、电冰箱中的密封条、广告牌用的压钮、各种文具中的盖板等。

　　图2—17给出了软磁材料（a）和硬磁材料（b）的磁滞回线的对比。软磁材料具有细长（瘦高）的磁滞回线，从而容易使其磁化和反磁化；硬磁材料具有短宽（矮胖）的磁滞回线，从而很难使其磁化和反磁化。从（a）、（b）两条磁滞回线的对比，可以看出软磁材料和硬磁材料存在下述差别。

　　(1) **磁导率不同。**以完全退磁后初次磁化作比较，软磁材料的磁化曲线比硬磁材料上升得快，说明软磁材料的初始磁导率 μ_i、最大磁导率 μ_m 都大于硬磁材料。

　　(2) **饱和磁密不同。**软磁材料的磁化曲线比硬磁材料的高（即 B_s 大），说明软磁材料的饱和磁密（或饱和磁化强度）大。

　　(3) **剩磁大小不同。**软磁材料磁化曲线与 B 轴的交点（即 B_r）比硬磁材料的高，说明软磁材料的剩磁（即磁化场强 $H=0$ 时的磁场强度或磁化强度）比硬磁材料的大。

　　(4) **矫顽力大小不同。**软磁材料的磁化（或磁密）等于零的反向磁场强度（即 H_c）比硬磁材料的小得多，说明软磁材料更容易退磁。软磁材料的 H_c 一般为 1A/m 左右，而硬磁材料的 $H_c > 100A/m$。

　　(5) **正、反向充磁的难易度不同。**软磁材料的磁滞回线细（瘦），硬磁材料的磁滞回线宽（胖），说明软磁材料正向达到磁饱和和反向达到磁饱和比硬磁材料要容易得多。

　　(6) **磁损耗不同。**磁损耗可由磁滞回线所包围的面积来比较。矮胖型磁滞回线（硬磁材料的）所包围的面积显然大于瘦高型磁滞回线（软磁材料的）所包围的面积。

本节重点

　　(1) 给出软磁材料和硬磁材料的定义。

　　(2) 指出软磁材料的主要特征。

　　(3) 指出硬磁材料的主要特征。

图 2-17 软磁材料（a）和硬磁材料（b）的磁滞回线的对比

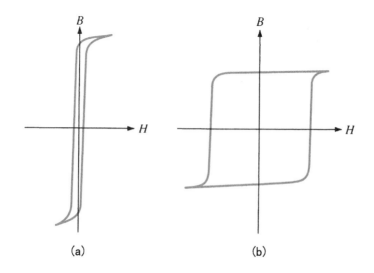

（a）

（b）

　　软磁材料具有细长（瘦高）的磁滞回线，从而易于使其磁化和反磁化，而硬磁材料则具有宽短（胖矮）的磁滞回线，从 而很难使其磁化和反磁化。

2.3.4　铁磁体的磁化及磁畴、磁畴壁结构

——磁化的根本原因是物质内部原子磁矩按同一方向整齐排列

铁磁体由上述称为磁畴的小磁体构成。在消磁状态，由于小磁体随机取向，其磁化彼此相抵消，总体磁化为零。如图2-18 (a) ⓐ所示的状态，自发磁化 M_s 平均总和为零。设想在图中所示方向施加弱磁场，磁化方向与该磁场方向接近的磁畴④将逐渐扩大，磁畴壁相应移动（ⓐ→ⓑ）。图2-18 (b) 表示了磁畴壁的结构，畴壁中原子磁矩逐渐向外磁场方向转化，对于铁来说，其厚度大约为 100 个到几十个原子层。图2-18 (a) 中只表示了磁化强度（M）－磁场强度（H）曲线的第一象限部分。$M-H$ 曲线或 $B-H$ 曲线的全部即为右图所示的磁滞回线（hysteresis loop），又称履历曲线。$M-H$、$B-H$ 关系不唯一，这也是铁磁体的特征之一。

磁化效应，是用外磁铁将铁变得有磁性的效应。铁均有磁性，只因内部分子结构凌乱，正负两级互相抵消，故显示不出磁性。若用磁铁引导后，铁分子就会变得有序，从而产生磁性，这一现象就是磁化效应。磁化，就是物体从不表现磁性变为具有一定的磁性，其根本原因是物质内原子磁矩按同一方向整齐的排列。

所谓磁畴（magnetic domain），是指磁性材料内部的一个个小区域，每个区域内部包含大量原子，这些原子的磁矩都像一个个小磁铁那样整齐排列，但相邻的不同区域之间原子磁矩排列的方向不同。各个磁畴之间的交界面称为磁畴壁。宏观物体一般总是具有很多磁畴，这样，磁畴的磁矩方向各不相同，结果相互抵消，矢量和为零，整个物体的磁矩为零，它也就不能吸引其他磁性材料。也就是说磁性材料在正常情况下并不对外显示磁性。只有当磁性材料被磁化以后，它才能对外显示出磁性。

本节重点

(1) 何谓磁化？磁化的根本原因是什么？

(2) 磁化前后材料的微观（结构）结构和宏观（性能）有哪些变化？

(3) 以铁为例，画出磁畴壁的磁矩模型。

图 2-18 铁磁体的磁化及磁畴、磁畴壁结构

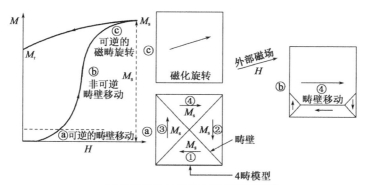

（a）铁磁性体的磁化曲线及磁畴模型

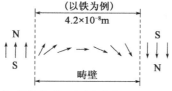

（一般情况下，畴壁宽度为 $10^{-8} \sim 10^{-6}$m）

（b）磁畴壁的磁矩模型

2.3.5 铁磁体的磁滞回线及磁畴壁移动模式
——磁滞回线是了解材料磁性的最重要曲线

下面，进一步讨论磁滞现象。如图 2-19 (a) a 区域所示，当磁场很弱时，随磁场强度的增加，磁化强度变大；反之，磁化强度减小；$H=0$ 时，$M=0$。在该范围内，二者的关系是可逆的。此时磁畴也能恢复到原来状态。磁感应强度 B 与磁场强度 H 间也有相同的关系。在此范围内，$\Delta B/\Delta H=\mu_i$ 称为初始磁导率，它是表征软磁性的重要特征之一。

随着磁场强度增加，磁化强度由 a 经 b 到达 c 区域，并在 d 点达到饱和，称此时的磁化强度为饱和磁化强度 M_s，它是铁磁体极为重要的特性之一。在区域 b，随着磁场强度的增加，磁畴④的畴壁移动，磁畴增大。如图 2-19 所示。

再看退磁过程。如图 2-19 (a) 所示，若在饱和磁化强度 M_s 处减小外加磁场，曲线将从 d 变到 e，即当 $H=0$，外加磁场强度为零时，磁化强度 M_r（$=B_r$）并不等于零。称 M_r 为剩余磁化强度，它是重要的磁学参数。特别是，外加反向磁场并使其逐渐增加，如图 2-19(b)中第二象限退磁曲线所示，$M\text{-}H$、$B\text{-}H$ 曲线逐渐达到 f 点，即磁化强度及磁感应强度达到零。称此时对应的磁场强度为矫顽力 H_c（又称抗磁力、保磁力），其大小对磁学应用很重要。对于永磁材料来说，第二象限的退磁曲线极为重要。矫顽力有 $_BH_c$、$_MH_c$ 之说，前者称为磁感矫顽力，后者称为内禀矫顽力。但通常多用磁感矫顽力 $_BH_c$。

本节重点
(1) 对某一磁性材料循环充磁和退磁达到磁饱和，请描绘出磁滞回线。
(2) 何谓初始磁导率？由初始磁化曲线可以获得材料的哪些磁性消息？
(3) 与连续磁化的磁滞回线相比，不连续磁化的回线更"胖"些，请解释原因。

图 2-19　铁磁体的磁滞回线及磁畴壁移动模式

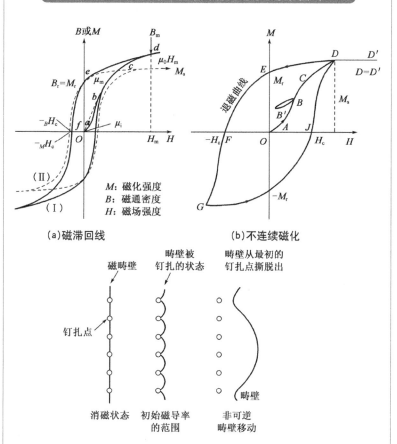

(a)磁滞回线

M：磁化强度
B：磁通密度
H：磁场强度

(b)不连续磁化

(c)不连续磁畴壁移动模型

2.3.6 磁畴壁的种类和单磁畴的磁化曲线
——磁畴壁有 Bloch 壁和 Neel 壁之分

理论和实验都证明，在两个相邻畴壁之间的原子层的自旋取向由于交换作用的缘故，不可能发生突变的情况，而是逐渐地发生变化，从而形成一个有一定厚度的过渡层，这个过渡层被称为畴壁。

按畴壁两边磁化矢量的夹角来分类，可以把畴壁分为180°畴壁和90°畴壁两种类型。在具有单轴各向异性的理想晶体中，只有180°畴壁。在 $K>0$ 的理想立方晶体中有180°畴壁和90°畴壁两种类型。在 $K<0$ 的理想立方晶体中除180°畴壁外，还可能有109°畴壁和71°畴壁，实际晶体中，由于不均匀性，情况要复杂得多，但在理论上仍常以180°畴壁和90°畴壁为例进行讨论。

在大块晶体中，当磁化矢量从一个磁畴内的方向过渡到相邻磁畴内的方向时，转动的仅仅是平行于畴壁的分量，垂直于畴壁的分量保持不变。这样就避免了在磁畴的两侧产生"磁荷"，防止了退磁能的产生。这种结构的磁畴称为 Bloch 壁 [图2-20（a）]。

畴壁内原子自旋取向变化的方式除去 Bloch 方式外，还在薄膜样品中发现了另一种 Neel 壁的变化形式 [图2-20(b)]。前者壁内自旋取向始终平行于畴壁面的转向，多发生在大块材料中，后者壁内的自旋取向始终平行于薄膜表面转向，在畴壁面内产生了磁荷和退磁能，但在表面没有了退磁场。

作为极端情况，图2-21表示单磁畴微粒的磁化曲线。当沿易磁化轴方向施加磁导场播时，磁化曲线变为矩形，而沿垂直于易磁化轴方向施工磁磁场时，磁化曲线变为一条直线。

本节重点
（1）何谓 Blochk 畴壁？它出现在何种磁体中？
（2）何谓 Neel 畴壁？它出现在何种磁体中？
（3）分别画出沿单磁畴微粒的易磁化轴和垂直于易磁化轴的磁化曲线。

图 2-20 磁畴壁的种类

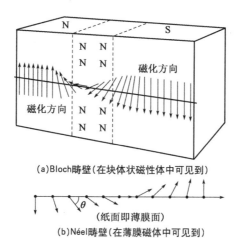

(a)Bloch畴壁(在块体状磁性体中可见到)

(纸面即薄膜面)

(b)Néel畴壁(在薄膜磁体中可见到)

图 2-21 单磁畴微粒的磁化曲线

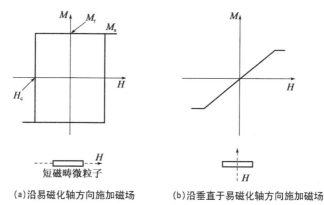

(a)沿易磁化轴方向施加磁场

(b)沿垂直于易磁化轴方向施加磁场

书角茶桌

梦幻般的单极子

发现磁体的单极（monopole，表示物理学上单极的意思），一直是许多科学家的梦想，而与此割舍不断的话题，也有几个报道。其中一个是 1975 年 8 月由美国物理学家所发表，他们在治疗癌症的过程中，发现了梦幻中所希望的基本粒子——单极子。另一个是 Pilenken 粒子，由英国理论物理学家狄拉克提出，该粒子是不受爱因斯坦理论制约的基本粒子，其速度是光速的 1 亿倍，具有与时间轴反向前进的性质。而且，对于 Pilenken 粒子的应用来说，可以考虑的有通过将磁单极子（Pilenken 粒子）封闭于物质中，可以制作出迄今为止按常识考虑不存在的几近单磁极的磁体。

图 2-22 是其想象图，其是 N 极能量为 5 倍，S 极能量为 1 倍的磁体。图 2-23 为其磁力的分布，它正好是柿子椒形的磁力分布。如果磁体真的存在单磁极，假如能对其自由地进行处理，则有可能引发大的能源革命，会使我们的生活更加丰富多彩。

图2-22　永磁体的想象图

图2-23　柿子椒形的磁力分布

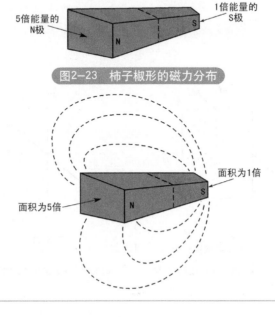

第 3 章

铁氧体磁性材料

书角茶桌
　　受永磁体吸引的磁性液体

3.1 铁磁性材料和亚铁磁性材料

3.1.1 铁磁性和亚铁磁性的差异之源

——取决于平行、反平行的原子磁矩大小是否相等

铁磁性是指物质中相邻原子或离子的磁矩由于相互作用而具有的自发性的磁化现象。

亚铁磁性指某些物质中大小不等的相邻原子磁矩做反向排列发生自发磁化的现象。

在无外加磁场的情况下，磁畴内由于相邻原子间电子的交换作用或其他相互作用，使它们的磁矩在克服热运动的影响后，处于部分抵消的有序排列状态，以致还有一个合磁矩。当施加外磁场后，其磁化强度随外磁场的变化与铁磁性物质相似。亚铁磁性与反铁磁性具有相同的物理本质，只是亚铁磁体中反平行的自旋磁矩大小不等，因而存在部分抵消不尽的自发磁矩，类似于铁磁体。

由于组成亚铁磁性物质的成分必须分别具有至少两种不同的磁矩，只有化合物或合金才会表现出亚铁磁性。常见的亚铁磁性物质有尖晶石结构的磁铁矿（Fe_3O_4）、铁氧体等。

不同类型磁性体中磁偶极子的定向排向如图3-1所示。亚铁磁体及磁矩结构实例如图3-2所示。

到目前为止，只有四种元素在室温以上具有铁磁性，即铁、钴、镍和钆。

本节重点
(1) 从具有原子合磁矩看，亚铁磁与铁磁性相同，因此充磁后具有磁性。
(2) 亚铁与反铁磁性具有相同的物理本质，只是平行、反平行磁矩大小不等。
(3) 只有化合物或合金才会表现出亚铁磁性。

图 3-1　不同类型磁性体中磁偶极子的定向排列

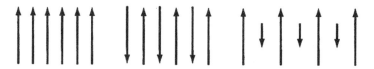

(a) 铁磁性　　　　　(b) 反铁磁性　　　　　(c) 亚铁磁性

图 3-2　亚铁磁体及磁矩结构实例

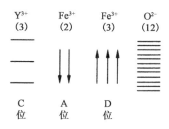

C 位　A 位　D 位

箭头：原子磁矩
横线：原子磁矩
　　　等于零

(a) 钇铁石榴石
($Y_3Fe_5O_{12}$)

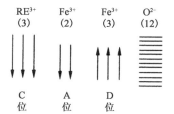

C 位　A 位　D 位

箭头：原子磁矩
横线：原子磁矩
　　　等于零

RE：稀土元素

(b) 稀土类铁石榴石
($RE_3Fe_5O_{12}$)

3.1.2 软磁铁氧体的晶体结构
及正离子超相互作用模型
——反尖晶石结构和正离子的超相互作用

软磁铁氧体（soft magnetic ferrite）是以 Fe_2O_3 为主成分的亚铁磁性氧化物，它用制陶法制成，所以有"黑瓷"的俗称。软磁铁氧体的晶体结构为尖晶石结构，属于立方晶系（天然的尖晶石是 $MgAl_2O_4$）。尖晶石型的通式是 AB_2O_4，其中 A 是 +2 价离子，B 是 +3 价离子，有正尖晶石型与反尖晶石型之分。软磁材料中 +2 价离子有 Mn^{2+}、Zn^{2+}、Ni^{2+} 等，有时 +2 价离子是复合的，如 $Mg_{1-x}Mn_xFe_2O_4$；软磁材料中 +3 价离子是铁。这种尖晶石结构可以记作 $Me^{2+}(Fe_2^{3+})O_4$，为正尖晶石型，其中 O^{2-} 占据面心立方的位置，两个 Fe^{3+} 填于 O^{2-} 形成的八面体空隙，一个 Me^{2+}（其他金属离子）填于四面体空隙，代表性物质有顺磁性的 Zn 铁氧体；若在正尖晶石型中，处于八面体间隙的一半的 Fe^{3+} 与处于四面体间隙的全部的 Me^{2+} 互换位置，则形成了反尖晶石结构，习惯表示为 $Fe^{3+}(Fe^{3+}Me^{2+})O_4$，代表性物质有 Mn–Zn 铁氧体、Ni–Zn 铁氧体、Cu–Zn 铁氧体、磁铁矿 Fe_3O_4 等，既有铁磁性物质，也有亚铁磁性物质。

软磁铁氧体晶体结构中存在正离子超相互作用。在一个晶面上可以看成晶体有两种亚点阵组合而成，由氧离子分开。氧离子在磁性相互作用中起媒介作用和传递作用，称这种作用为超相互作用，或间接相互作用、超交换相互作用。

软磁铁氧体的晶体结构如图 3-3 所示，正离子的超相互作用模型如图 3-4 所示。

本节重点
(1) 正尖晶石结构和反尖晶石结构。
(2) 反尖晶石结构既有铁磁性物质又有亚铁磁性物质。
(3) 反尖晶石结构中氧离子的存在使正离子间发生超相互作用。

图 3-3　软磁铁氧体的晶体结构

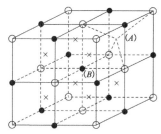

○ O^2 占据面心立方阵点位置
● 16d 位置 (B)
8个小立方体顶角上没有被氧占据的位置，即面心立方点阵的八面体间隙位置
× 8a 位置 (A)
8个小立方体的体心位置，即面心立方点阵的四面体间隙位置

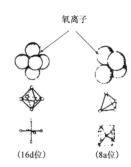

氧离子

（16d位）　　（8a位）

(b) 以金属正离子为中心的氧离子亚晶格
（正离子位于被氧离子亚晶格包围的环境中）

图 3-4　正离子的超相互作用模型

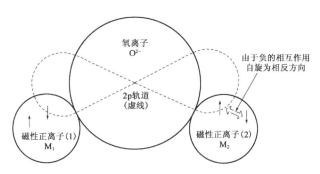

氧离子
O^{2-}

2p轨道
（虚线）

由于负的相互作用
自旋为相反方向

磁性正离子(1)
M_1

磁性正离子(2)
M_2

该例是基于 M_1、M_2 的3d轨道电子数都为5个以上的情况

3.1.3 多晶铁磁性的微观组织

——以 Fe_2O_3 为主成分的亚铁磁性氧化物，由制陶法制作

多晶铁氧体中存在大量磁畴，所谓磁畴（magnetic domain），是指铁磁性和亚铁磁性物质在居里（Curie）温度以下，其内部所形成的自发磁化区，畴的尺寸几十纳米到几厘米。在每一个畴内，电子的自旋磁矩平行排列（磁有序），达到饱和磁化的程度。畴与畴之间称为磁畴壁，是自旋磁矩取向逐渐改变的过渡层，为高能量区，其厚度取决于交换能和磁结晶各向异性能平衡的结果，一般为 10^{-5}cm。对于多晶体来说，可能其中的每一个晶粒都是由一个以上的磁畴组成的。因此，一个宏观样品中包含许许多多个磁畴。每一个磁畴都有特定的磁化方向，整块样品的磁化强度则是所有磁畴磁化强度的向量和。未经外磁场磁化时，磁畴的取向是无序的，因此磁畴的磁化向量和为零，宏观表现为无磁性。有外加磁场时，会发生畴壁的移动及磁畴内磁矩的转向，即被磁化。而当外加磁场的大小和方向发生变化时，软磁材料由于矫顽力较小，磁畴壁易移动，而材料中的非磁相颗粒和空洞之类的缺陷会限制磁畴壁的运动，从而会影响材料的磁性。

正尖晶石铁氧体和反尖晶石铁氧体的对比如表3-1所示，多晶铁氧体的微细组织如图3-5所示。

本节重点
（1）说明多晶铁氧体中晶粒与磁畴的关系。
（2）举出反尖晶石铁氧体的典型亚铁磁性材料。
（3）画图表示多晶铁氧体的磁畴结构模型。

表 3-1　正尖晶石铁氧体和反尖晶石铁氧体的对比

项　目	正尖晶石铁氧体（一个分子）	反尖晶石铁氧体（一个分子）
16d 位置（八面体间隙）	$2 \times Fe^{3+}$	$1 \times Me^{2+} + 1 \times Fe^{3+}$
8a 位置（四面体间隙）	$1 \times Me^{2+}$	$1 \times Fe^{3+}$
习惯表示	$Me^{2+}[Fe_2^{3+}]O_4$	$Fe^{3+}[Fe^{3+}Me^{2+}]O_4$
代表性物质	Zn 铁氧体（顺磁性）	Mn-Zn 铁氧体 Ni-Zn 铁氧体 Cu-Zn 铁氧体 磁铁矿（Fe_3O_4） （铁磁性→亚铁磁性）

图 3-5　多晶铁氧体的微细组织

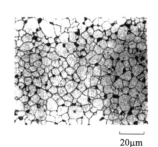

20μm

(a) Mn-Zn铁氧体的微细组织

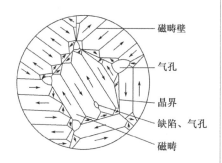

(b) 多晶铁氧体的磁畴结构模型

磁畴壁

气孔

晶界

缺陷、气孔

磁畴

3.1.4 软（soft）磁铁氧体和硬（hard）磁铁氧体的对比

——要了解软磁铁氧体和硬磁铁氧体的差异

一般来说，名称前面一带"软"和"硬"，往往指物理感观上的软和硬。例如，铁是硬的。但"软"和"硬"加在磁性材料名称之前，专指其磁学特性的软和硬。

那么，磁性材料的"硬"和"软"所指为何呢？所谓硬，指"硬"质磁性材料，表示它可以大量地存储磁能，换句话说，由其可以制造出强力永磁体。与之相对，所谓软，指"软"质磁性材料，表示它的磁导率高，可以透过大量的磁力线。若用磁滞回线表示，所谓硬磁铁氧体指图3-6所示具有高磁通密度、高矫顽力等磁学特性的磁性材料。

顺便指出，在硬磁材料中还有所谓黏结磁体，它在物理感观上富于挠性。在黏结磁体中进一步还有橡胶磁体，它不仅是软的，而且还有橡胶特有的伸缩性。

软磁铁氧体的磁学特性如磁滞回线[图3-6（a）]所示，其磁导率非常大而矫顽力非常小。常用的软磁铁氧体是尖晶石铁氧体，其晶体结构属于立方晶系，化学式可表示为 $A-Fe_2-O_4$。其特征是磁导率高、电阻率大，作为高频用磁性体产生的涡流损失小，因此多用于高频线圈及变压器用的磁芯材料。

硬磁铁氧体的磁学特性如磁滞回线[图3-6（b）]所示，其磁导率非常大而矫顽力非常小。磁铅石型铁氧体是与天然矿物——磁铅石 $Pb(Fe_{7.5}Mn_{3.5}Al_{0.5}Ti_{0.5})O_{19}$ 有类似晶体结构的铁氧体，属于六方晶系，分子式为 $MeFe_{12}O_{19}$，Me为二价金属离子 Ba^{2+}、Sr^{2+}、Pb^{2+} 等。通过控制替代金属，可以获得性能改善的多组分铁氧体。

本节重点

（1）软磁铁氧体和硬磁铁氧体的特性。
（2）软磁铁氧体的组成和用途。
（3）硬磁铁氧体的组成和用途。

图 3-6　软 (soft) 磁铁氧体和硬 (hard) 磁铁氧体的磁滞回线对比

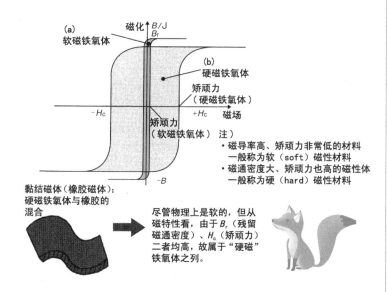

软磁铁氧体是指磁导率非常高、矫顽力非常小的铁氧体磁性材料。由于其电阻率高，高频特性好等，主要用于高频线圈、天线及高频变压器等。软磁铁氧体具有五种主要的磁特性。

(1) 高的磁导率 μ。

(2) 低的矫顽力 H_c。

(3) 高的饮和磁通密度 B_S 和高的饮和磁化强度 M_s。

(4) 低的磁损耗和电损耗。

(5) 高的稳定性。

硬磁铁氧体是指磁通密度高、矫顽力非常大的铁氧体磁性材料，俗称永磁性材料、"磁钢"等，主要用于磁力要求不很强的永磁体等。硬磁铁氧体具有四种主要的磁特性。

(1) 高的矫顽力 H_c。

(2) 高的剩余磁通密度 B_r 和高的剩余磁化强度 M_r。

(3) 高的最大磁能积 $(BH)_{max}$。

(4) 高的稳定性。

3.2 软磁铁氧体材料

3.2.1 软磁铁氧体的磁学特征和应用领域

—广泛用于线圈、高频变压器及磁头等

软磁铁氧体多采用尖晶石等晶体结构（属于立方晶系），化学式为 $A-Fe_2-O_4$（其中 A 代表 Co、Mn、Zn、Ni、Cu 等），其特征是磁导率高、电阻率大，因此，磁性体中产生的损失小。再加上其成型特性好，因此作为高频线圈及变压器铁芯材料（磁芯），在各种领域广泛采用。图 3-7 表示软磁铁氧体的磁学特性，图 3-8 分类列出软磁铁氧体的应用领域。

在磁芯用材料中，虽然也有低频下使用的磁导率高、饱和磁通密度大的硅钢片及坡莫合金（合金软磁材料）等，但是，与软磁铁氧体比较，由于电阻率小，随着使用频率变高，涡流损失增加，效率变低。而且，涡流损失也会使永磁体发热。

与之相对，软磁铁氧体属于铁的氧化物，磁性体的电阻率非常高，涡流损失很小。正因为具有这种特征，软磁铁氧体特别适合用于高频领域。特别是，软磁铁氧体制作如同陶瓷那样，先成型后烧结，可以预先形成各种各样的形状，便于大批量制作复杂形状的磁芯等（图 3-8）。

顺便指出，软磁铁氧体烧结体最初是以 Cu-Zn 系为中心开始生产的，其后，荷兰飞利浦公司开发出 Ni-Zn 系，日本公司开发出 Mn-Zn 系。随着软磁铁氧体磁学性能的不断提高，作为今日电子元器件及电子产品的重要支撑，其产量不断扩大。近年来，软磁铁氧体在应对高周波应用方面的新技术开发极为活跃。

本节重点

(1) 软磁铁氧体的磁学特性。
(2) 软磁铁氧体的应用领域。
(3) 软磁铁氧体伴随着电子学的发展品种和产量不断增加。

图 3-7　软磁铁氧体的磁学特性

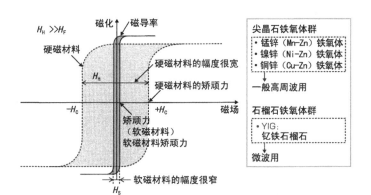

图 3-8　软磁铁氧体的应用领域

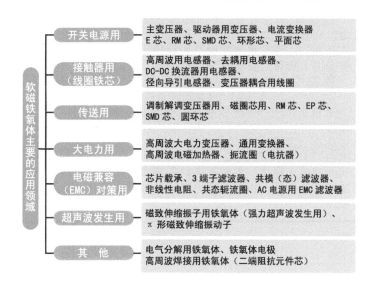

3.2.2 软磁铁氧体的结构及磁性

1. 多种多样的铁的氧化物

铁（Fe）在大气中高温加热，在表面会产生几个微米厚的氧化皮（黑皮）。这是一种越靠近表面氧含量越高的层状组织。从表层起按 Fe_2O_3（赤铁矿，+3 价，暗红色）、Fe_3O_4（磁铁矿，+2 ～ +3 价，黑色）、FeO（方铁矿，+2 价，黑色）的顺序直到铁基体，其中占厚度 95% 的是 FeO 层。与之相对，由于水而产生的铁锈则含有 Fe_2O_3（赤锈）及 $Fe(OH)_2$（氢氧化铁）等（图 3-9）。

2. 铁的磁性是铁磁性，氧化铁的磁性是亚铁磁性

在这些氧化物中，受永磁体吸引的只有 Fe_3O_4 和 $\gamma-Fe_2O_3$（表 3-2）。金属中铁（Fe）、钴（Co）、镍（Ni）的强磁性属于铁磁性，是由于原子的不成对电子自旋全部向着同一方向所致（P21），而氧化物的强磁性属于亚铁磁性，是由于自旋方向有向上和向下的两种，而向上和向下的数量或大小不同，不能完全抵消，从而显示出磁性（图 3-10）。

尽管氧化铁不像铁那样显示那样高的磁性，但由于其电阻率是金属的 10^5 倍以上，不易发生涡流，即使不采用积层结构也可满足高周波频带的要求。

高周波器件中采用的是软磁铁氧体，小型电机中采用的是硬磁铁氧体。

以 Fe_2O_3 为主成分的铁系磁性氧化物制品称为铁氧体。有软磁性和硬磁性之分，无论哪种都是 20 世纪 30 年代由日本和荷兰开发的。磁性氧化物材料为现代高周波下工作的电子信息设备提供了强有力支撑。

软磁性铁氧体由 $MeO \cdot Fe_2O_3$ 组成，其中，Me 中填入 Mn、Co、Ni、Zn 等 +2 价的金属离子从而显示磁性（表 3-3）。Mn-Zn 铁氧体及 Ni-Zn 铁氧体由粉末成型加烧结制作，广泛用于超过 10 ～ 100kHz 的高周波领域工作的直流变压器、噪声滤波器及 IH 烹调器的磁路等（图 3-11）。与之相对，硬磁性铁氧体由 $MeO \cdot 6Fe_2O_3$ 组成，其中，Me 中填入 Sr（锶）及 La（镧）等从而制成永磁体。多用于电动开闭车窗等汽车用马达类。尽管磁力不是很强，但由于磁力稳定且价格便宜，因此使用越来越多。

本节重点

（1）写出铁在高温中加热产生的氧化皮及铁在水中产生铁锈的组织结构。

（2）铁的磁性是铁磁性，氧化铁的磁性是亚铁磁性。

（3）铁氧体有软磁性和硬磁性之分。

图3-9　钢板的氧化皮和铁锈的结构

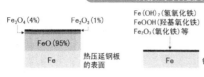

Fe_3O_4(4%)　Fe_2O_3(1%)

FeO(95%)

Fe　热压延钢板的表面

$Fe(OH)_2$(氢氧化铁)
FeOOH(羟基氧化铁)
Fe_2O_3(氧化铁)等

Fe　铁锈

铁可以是+2价和+3价的,因此可形成各种各样的铁的氧化物。热压延钢板的氧化皮(黑绣层)组织细密,结合牢固。钢板表面等含氧量高。

表3-2　铁的氧化物的种类和特征

组成	矿物名称	铁离子价数	晶体结构	磁性	颜色
α-Fe_2O_3	赤铁矿 (hematite)	+3价	菱方型	顺磁性	红色 (铁丹染料)
γ-Fe_2O_3	磁赤铁矿 (maghematite)	+3价	尖晶石型	亚铁磁性	茶色 (磁带)
Fe_3O_4 $FeO \cdot Fe_2O_3$	磁铁矿 (magnetite)	+2价、　+3价	反尖晶石型	亚铁磁性	黑色
	方铁矿 (Wustite)	+2价	NaCl型	反铁磁性	黑色

注:受永磁体吸引的铁的氧化物Fe_3O_4(magnetite)和γ-Fe_2O_3(maghematite)。

图3-10　铁的磁性和铁氧体的磁性

强磁性　　　　　居里温度　　顺磁性

或者

铁磁性 (Fe、Co、Ni)　　亚铁磁性 (铁氧体)　　para磁性

铁氧体是靠正负(上下)自旋数之差而具有磁性。无论哪种类型,在居里温度以上都表现为顺磁性。

表3-3　实用铁氧体的种类和用途

组成	晶体结构	晶系	Me元素	磁性	用途
$MeO \cdot Fe_2O_3$	尖晶石型	立方晶	(Zn)、Mn、Ni、Co	软磁性	高周波铁氧体
$MeO \cdot 6Fe_2O_3$	磁铁铅矿型	六方晶	Sr、Ba、La	硬磁性	永磁体

注:铁氧体有软磁性和硬磁性之分。

图3-11　周波数和与之相关的软磁材料

商用电源 (50~60Hz)　　电磁波计时 (40~60kHz)　　无线电播放 (0.5~1.5MHz)　　地面波TV (约500MHz)　　周波数

10Hz　　1kHz　　1MHz　　1GHz

电磁钢板　　金属玻璃　　Mn-Zn铁氧体　　Ni-Zn铁氧体

由于软磁铁氧体的电阻率很高,因此广泛应用于高周波变压器、噪声滤波器及IH烹调器(20~60kHz)的磁路(轭铁,磁轭)中。

3.2.3 微量成分对 Mn-Zn 铁氧体的影响效果
——微量成分添加，但影响效果很大

Mn-Zn 系铁氧体具有高的起始磁导率、较高的饱和磁感应强度，在无线电中频或低频范围有低的损耗，它是 1MHz 以下频段范围磁性能最优良的铁氧体材料。其内参杂的微量成分的影响效果举例有：CaO、SiO 可促进烧结，用于高性能铁氧体的制备中。Ta_2O_3、ZrO_2 可抑制晶粒生长，用于需要较小晶粒、低损耗的材料，而 V_2O_5、Bi_2O_3、In_2O_3 可促进晶粒生长，用于需要较大晶粒、高磁导率的材料等。

按晶格类型，铁氧体磁性材料主要分为尖晶石铁氧体（软磁铁氧体）、六方晶铁氧体（硬磁铁氧体）、石榴石铁氧体和钙钛矿型铁氧体。 尖晶石铁氧体的化学分子式为 $MeFe_2O_4$，Me 是指离子半径与二价铁离子相近的二价金属离子（Mn^{2+}、Zn^{2+}、Cu^{2+}、Ni^{2+}、Mg^{2+}、Co^{2+} 等）或平均化学价为二价的多种金属离子组（如 $Li^{0.5+}Fe^{(3+0.5)+}$）。使用不同的替代金属，可以合成不同类型的铁氧体（以 Zn^{2+} 替代 Fe^{2+} 所合成的复合氧化物 $ZnFe_2O_4$ 称为锌铁氧体，以 Mn^{2+} 替代 Fe^{2+} 所合成的复合氧化物 $MnFe_2O_4$ 称为锰铁氧体）。通过控制替代金属，可以达到控制材料磁特性的目的。由一种金属离子替代而成的铁氧体称为单组分铁氧体。由两种或两种以上的金属离子替代可以合成出双组分铁氧体和多组分铁氧体。锰锌铁氧体 [$(Mn-Zn)Fe_2O_4$] 和镍锌铁氧体 [$(Ni-Zn)Fe_2O_4$] 就是双组分铁氧体，而锰镁锌铁氧体 [$(Mn-Mg-Zn)Fe_2O_4$] 则是多组分铁氧体。

表 3-4 列出微量成分（按不同的群）对 Mn-Zn 铁氧体的影响效果；图 3-12 表示主要软磁铁氧体的相对初始磁导率及使用周波数带域。

本节重点

（1）分类说明微量成分对 Mn-Zn 铁氧体的影响效果。

（2）按晶格类型，铁氧体磁性材料分为哪几类？

（3）何谓单组分、双组分、多组分铁氧体？

表 3-4　微量成分对 Mn-Zn 铁氧体的影响效果

群	代表性化合物	作 用 效 果	备 注
1 群	CaO，SiO$_2$	形成晶界高电阻层促进烧结	用于高性能铁氧体的制造中，效果显著
2 群	V$_2$O$_5$，Bi$_2$O$_3$，In$_2$O$_3$	促进晶粒生长	用于需要较大晶粒、要求高磁导率的材料
3 群	Ta$_2$O$_5$，ZrO$_2$	抑制晶粒生长	用于需要较小晶粒、要求低损耗的材料
4 群	B$_2$O$_3$，P$_2$O$_5$	微量添加即能明显促进晶粒生长；降低电阻率	即使添加 50×10^{-6} 左右，也有明显效果
5 群	MoO$_3$，Na$_2$O	抑制第 4 群的效果	与第 4 群相互配合添加
6 群	SnO$_2$，TiO$_2$，Cr$_2$O$_3$，CoO，Al$_2$O$_3$，MgO，NiO，CuO	置换主成分，固溶于尖晶石晶格中	添加的目的是有选择地控制饱和磁通密度、居里温度、温度特性、热膨胀系数等

图 3-12　主要软磁铁氧体的相对初始磁导率及使用周波数带域

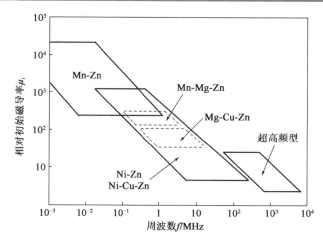

3.2.4 软磁铁氧体的代表性用途

——依工作频率不同选择合适的软磁铁氧体

软磁材料的特性是有较高的磁导率、较高的饱和磁感应强度、较小的矫顽力和较低的磁滞损耗。这种材料在磁场作用下非常容易磁化，而取消磁场后又容易退磁化，磁滞回线很窄。根据使用周波数范围、要求特性，软磁铁氧体主要应用于通信用线圈、各类变压器、偏转轭、天线、磁头、隔离器、单向波导相位器和感温开关等。由于这些用途与信号处理相关，大多用的是铁氧体在弱磁场下的特性。

表3-5给出了各类铁氧体的用途。在数兆赫以下，用的最多的是饱和磁通密度及磁导率均较高的Mn-Zn铁氧体。在此系统中，存在晶体磁各向异性及磁致伸缩均为零的成分范围，而且通过增加晶粒尺寸等可使磁畴壁容易运动。在这种尖晶石型铁氧体中，既能获得最高的磁导率，又能获得最高的饱和磁通密度。但是，这种成分的Mn-Zn铁氧体，由于电阻率很低，在高周波段损失急剧增加而不能使用，而需要采用Mn-Mg-Al、YIG等铁氧体。

近年来，铁氧体用于强磁场的情况越来越多，从而使软磁铁氧体中饱和磁通密度最高的Mn-Zn铁氧体的特性得以发挥，作为电源变压器及扼流线圈的磁芯等用得越来越多。在这些用途中，饱和磁通密度高是最重要的条件。当然，在工作周波数比较低的场合，硅钢、钼坡莫合金等金属系磁性材料有其固有优越性，但在数千赫到数兆赫的高周波带域，由于涡流损耗增加，只能采用Mn-Zn铁氧体等。特别称这种用途的铁氧体为功率型铁氧体。

电信用铁氧体的磁导率一般在750～2300范围内。这种铁氧体应具有低损耗因子、高品质因数Q、稳定的磁导率，随温度-时间关系，要求磁导率在工作中下降慢，每10年下降3%～4%。广泛应用于高Q滤波器、调谐滤波器、负载线圈、阻抗匹配变压器、接近传感器。

宽带铁氧体（高磁导率铁氧体）的磁导率有5000、10000、15000等几种类型，其共同特性为具有低损耗因子、高磁导率、高阻抗-频率特性，广泛应用于共模滤波器、饱和电感、电流互感器、漏电保护器、绝缘变压器、信号及脉冲变压器，在宽带变压器和EMI上多用。

功率铁氧体具有高的饱和磁感应强度，为4000～5000Gs，特别要求具有低损耗-频率关系和低损耗-温度关系，也就是说，随频率的增大，损耗上升不大；随温度的提高，损耗变化不大，广泛应用于功率扼流圈、并列式滤波器、开关电源变压器、开关电源电感、功率因素校正电路。

本节重点

(1) 软磁铁氧体主要用于哪些领域？为什么在这些领域采用铁氧体？

(2) 按工作频率从低到高，列出软磁铁氧体的代表性用途。

(3) 针对不同的使用要求，选用软磁铁氧体时应考虑哪些因素？

表 3-5 软磁铁氧体的代表性用途

用 途	使用周波数	铁氧体的种类	要求的特性
通信用线圈	1kHz ~ 1MHz	Mn-Zn	低损耗
	0.5 ~ 80MHz	Ni-Zn	低温度系数 感抗调整
脉冲变压器		Mn-Zn Ni-Zn	高磁导率 低损耗 低温度系数
各种变压器	约 300kHz	Mn-Zn	高磁导率 高饱和磁通密度 低损耗
回描变压器	15.75kHz	Mn-Zn	高磁导率 高饱和磁通密度 低电力损耗
偏转轭	15.75kHz	Mn-Zn Mn-Mg-Zn Ni-Zn	精密形状 高磁导率 高电阻率
天线	0.4 ~ 50MHz	Ni-Zn	μQ 积大 温度特性
中周变压器	0.3 ~ 200MHz	Ni-Zn	μQ 积大 温度特性 感抗调整
磁头	1kHz ~ 10MHz	Mn-Zn	高饱和磁通密度 高磁导率 耐磨损性
隔离器、单向 波导相位器	30MHz ~ 30GHz	Mn-Mg-Al YIG YIG	张量磁导率 饱和磁通密度 共振半高宽
感温开关		Mn-Cu-Zn	居里温度

3.3 硬磁铁氧体和半硬质磁性材料

　　硬磁铁氧体具有磁铁铅矿（magneto—plumbite）型晶体结构（属于六方晶系），化学式为$AFe_{12}O_{19}$（其中，A代表Sr、Ba等）。这种铁氧体又称为磁铁铅矿型铁氧体、M型铁氧体等，它与尖晶石型铁氧体（软磁铁氧体的代表）相比，由于磁各向异性大，因此具有大的矫顽力，作为强力永磁体而使用。典型的有锶铁氧体和钡铁氧体。特别是硬磁铁氧体制作如同陶瓷那样，先成型后烧结，可以预先形成各种各样的形状，便于大批量制作复杂形状的永磁体。图3—13表示硬磁铁氧体的磁学特性，图3—14分类列出硬磁铁氧体的应用领域。

　　另外，钙钛矿型铁氧体是指一种与钙钛矿（$CaTiO_3$）有类似晶体结构的铁氧体，分子式为$MeFeO_3$，Me表示三价稀土金属离子。其他金属离子Me^{3+}或（Me^{2+}、Me^{4+}）也可以置换部分Fe^{3+}，组成复合钙钛矿型铁氧体。

　　铁氧体也属于陶瓷材料，具有陶瓷材料所具有的共性，如原料便宜，储量大，供应有保证；量轻耐用，耐腐蚀、耐氧化性强；制程简单，制作方便；但性似陶瓷，质地脆弱，容易破碎；固态成型制品，加工困难等。

　　半硬质磁性材料是指相对于永磁体上的硬质磁性材料，可以用较小的能量进行着磁和减磁。主要为镍锰钢等。

本节重点

（1）硬磁材料和软磁材料的"硬"和"软"是按磁学特性进行分类的。
（2）硬磁铁氧体的磁学特性。
（3）硬磁铁氧体的应用领域。

图 3—13　硬磁铁氧体的磁学特性

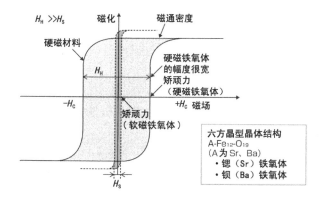

图 3—14　硬磁铁氧体的应用领域

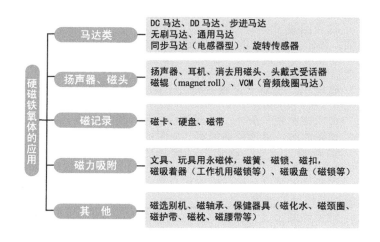

以上分类不是从源头上而仅依具体应用，仅供参考。

3.4 磁性材料的一些名词术语和基本概念

为了表示磁性体及磁性材料的各种特性，需要使用不少的专业名词。对于这些名词术语，非专业人员一般不太熟悉，多数往往是一知半解，遇到之后满头雾水的情况也不在少数。要透彻理解与磁性相关的制品的性能，想绕开这些专业名词是绝无可能的。在此，选择若干个在实际使用磁性体时经常遇到的专业用语，对其进行简单明了的注解与说明。

磁势（磁压、起磁力，F_m）：产生磁场的外界动力。起磁力的 SI 单位是安培（A），但一般使用电流与线圈匝数的乘积（A·匝）。

饱和磁通密度（饱和磁密，B_s）：磁性材料中可能的最大的磁通密度。

磁场强度（H）：单位长度的起磁力（A·T/m）。若在每单位长度导线绕 N 圈的螺旋管中流过电流强度为 I（A）的电流，螺旋管内部产生磁场强度为 NI（A/m）的磁场。

磁化力（magnetisering force，H）：表示磁场的强度。

磁通量（magnetic flux，Φ）：贯穿磁场中的单位面积的磁力线法线方向分量的总和，单位为韦伯（Wb）。

磁通密度（磁密、磁感应强度）：表示磁场的强度。

磁场（magnetic field）：磁场所涉及的领域。

磁滞回线（hysteresis loop）：是一条关于 *B-H* 关系的履历曲线。藉由反复施加的正、负磁场强度（H），致使磁性体中的磁感应强度（磁通密度，B）发生滞后的变化。并在直角坐标中描画的曲线。

磁能积：相对于退磁曲线上一点，磁通密度（B_d）与退磁场强度（H_d）的乘积。

最大磁能积[$(BH)_{max}$]：磁能积的最大值。

退磁曲线：磁滞回线的第二象限的部分。

奥斯特（Oe）：磁化力（磁场强度）的 CGS 制单位。$1Oe \approx (1000/4\pi)$ A/m。

退磁场的强度：在使被磁化材料中残留的磁通量减少的方向施加的磁场的强度

残留磁通密度（残留磁密、残留磁感应强度，B_r）：磁滞回线上，磁场强度取零情况下的磁通密度，即残留磁感应强度。

矫顽力（保磁力，H_c）：磁化至饱和，从而使该磁通密度达到零所必须的退磁场强度。

磁导率（透磁率，μ）：磁通密度（磁感应强度，B）与其对应的磁化力（磁场强度，H）之比，$\mu = B/H = \mu_0\mu_r$。其中，μ_0 为真空中的磁导率，μ_r 为相对磁导率（relative permeablity）。

磁导（permeance，P）：表示磁通量通过的难易程度的物理量，亦可表示为磁阻（R）的倒数（$P=1/R$）。另外，在磁回路中，若磁导为 A，线圈匝数为 N，电感为 L，则电感可表示为 $L=N^2/A$。

磁导系数（permeance coefficient，P_c）：其大小等于外部的全磁导与硬磁体所占空间的磁导之比 B_d/H_d。

磁阻（magnetic-resistance，R）：磁导 P 的倒数，即 $R=1/P$。磁阻表示磁回路的磁阻抗。

居里点（居里温度，T_c）：对于铁磁性体，其磁性急剧消失所对应的温度。因此，即使是强力磁铁，在居里点之上也会变为顺磁性体。

铁磁性体（强磁性体）：具有强磁性作用的物质，作为元素铁磁性体的代表有铁（Fe）、钴（Co）、镍（Ni）等。而且，含有这些金属的合金也可做成铁磁性体。

静磁场：磁场的状态不随时间而变化的磁场，其中，除了由永久磁体而产生的静磁体之外，还有由电磁体而产生的静磁场。

剩磁（顽磁，remanence，B_d）：在磁回路中，将外加的起磁力取消之后残存的磁通密度即为剩磁（感应强度，B_d），它不同于残留磁通密度（B_r）。也就是说，对于 B_d 来说，磁极自身的作用存在自灭磁场。

铝镍钴永磁：以铝、镍、钴（Al-Ni-Co）为主成分的铁系合金永磁体，是以 1932 年三岛良积博士发明的 MK 钢（Fe-Ni-Al）为基础而开发成功的。

书角茶桌
受永磁体吸引的磁性液体

被磁体吸引的液体称为磁性流体，这原本也是NASA宇宙开发的一个环节。众所周知，宇宙空间处于无重力状态，因此难以向发动机平稳地供给液体燃料。作为解决这一问题的方法，人们进行了磁性流体的研究。

为此，磁性流体要有磁性，但由于是液体，其没有特定的形状。也就是说，将这种液体注入球形容器，它是球形的，注入立方形容器，它是立方形的。利用这种性质，可以构成各种各样的构造。例如，利用充磁盘显示画面的磁性流体片，物质的相对密度选别器（利用在磁性流体中沉浮的区别），利用磁性流体轴承部位的薄膜等。

那么，磁性流体的磁性是基于何种原理呢？在这种磁性材料中，采用的是粒径为10nm左右的氧化铁粒子（图3-15）。而且，为了形成稳定的胶体溶液，粒子表面要吸附表面活性剂，在酯系油、碳氢系油、氟系油等基础液体中进行分散。

图 3-15　磁性流体的磁性原理

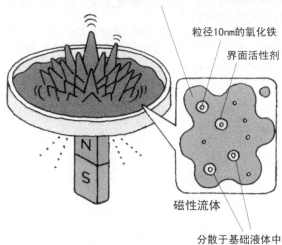

基础液体
（酯系油、碳氢系油、氟系油等）

粒径10nm的氧化铁

界面活性剂

磁性流体

分散于基础液体中

第 4 章

常用软磁材料

4.1 工业常用的高磁导率材料

4.2 金属玻璃——非晶态高磁导率材料

书角茶桌

由 N、S 磁极指路而行走的走磁
性细菌

4.1 工业常用的高磁导率材料
4.1.1 高磁导率材料
——高磁导率材料即所谓的软磁材料

高磁导率材料即所谓的软磁材料。其主要功能是导磁、电磁能量的转换与传输。因此，要求这类材料有较高的磁导率和磁感应强度，同时磁滞回线的面积或磁损耗要小。与永磁材料相反，其 B_r 和 BH_c 越小越好，但饱和磁感应强度 B_s 越大越好。表现为磁滞回线瘦而高。

从制作和应用角度，软磁材料大体上可分为三大类。①合金薄带或薄片：Fe-Ni(Mo)、Fe-Si、Fe-Al 等；②非晶态合金薄带：Fe 基、Co 基、Fe-Ni 基或 Fe-Ni-Co 基等配以适当的 Si、B、P 和其他掺杂元素，又称磁性玻璃；③磁介质（铁粉芯）：Fe-Ni(Mo)、Fe-Si-Al、羰基铁和铁氧体等粉料，经电绝缘介质包覆和黏合后按要求压制成型。

软磁材料的应用甚广，主要用于磁性天线、电感器、变压器、磁头、耳机、继电器、振动子、电视偏转轭、电缆、延迟线、传感器、微波吸收材料、电磁铁、加速器高频加速腔、磁场探头、磁性基片、磁场屏蔽、高频淬火聚能、电磁吸盘、磁敏元件（如磁热材料作开关）等。

主要的高磁导率材料如表 4-1 所示。

（1）软磁材料的主要功能是什么？对其性能有哪些要求？
（2）从制作和应用角度，软磁材料可分为哪几大类？
（3）按上述分类说出软磁材料的主要用途。

表 4-1 主要的高磁导率材料

系统	材料名称	组成(质量比)	磁导率 初始 μ_i	磁导率 最大 μ_{max}	饱和磁通密度 B_s/T	矫顽力 H_c/(A/m)	电阻率 /μΩ·m	居里温度 T_c/℃
铁及铁系合金	电工软铁	Fe	300	8000	2.15	64	0.11	770
	硅钢	Fe-3Si	1000	30000	2.0	24	0.45	750
	铁铝合金	Fe-3.5Al	500	19000	1.51	24	0.47	750
	Alperm (阿尔帕姆高磁导率铁铝合金)	Fe-16Al	3000	55000	0.64	3.2	1.53	
	Permendur (珀明德铁钴系高磁导率合金)	Fe-50Co-2V	650	6000	2.4	160	0.28	980
	仙台斯特合金	Fe-9.5Si-5.5Al	30000	120000	1.1	1.6	0.8	500
坡莫合金	78坡莫合金	Fe-78.5Ni	8000	100000	0.86	4	0.16	600
	超坡莫合金	Fe-79Ni-5Mo	100000	600000	0.63	0.16	0.6	400
	Mumetal (镍铁铜系高磁导率合金)	Fe-77Ni-2Cr-5Cu	20000	100000	0.52	4	0.6	350
	Hardperm (镍铁铌系高磁导率合金)	Fe-79Ni-9Nb	125000	500000	0.1	0.16	0.75	350
铁氧体化合物	Mn-Zn系铁氧体	32MnO,17ZnO 51Fe$_2$O$_3$	1000	4250	0.425	19.5	0.01~0.1 Ω·m	185
	Ni-Zn系铁氧体	15NiO,35ZnO 51Fe$_2$O$_3$	900	3000	0.2	24	10^3~10^7 Ω·m	70
	Cu-Zn系铁氧体	22.5CuO 27.5ZnO 50Fe$_2$O$_3$	400	1200	0.2	40	约 10^3 Ω·m	90
非晶态	金属玻璃2605SC	Fe-3B-2Si-0.5C	2500	300000	1.61	3.2	1.25	370
	金属玻璃2605S2	Fe-3B-5Si	5000	500000	1.56	2.4	1.30	415

4.1.2 铁中的磁畴及其在外磁场作用下的磁化变化

1. 铁磁性体的自发磁化

通常所见的铁（Fe）、钴（Co）、镍（Ni）等铁磁性体，由于自发磁化，其内部由许多小的（永）磁体，即磁畴集合而成（图4-1）。对于铁来说，可以看成是磁化方向集中于6个 <100> 方向的磁畴集合体。通常情况下，由于方向不同，因此对外并不显示磁性。但当绕过线圈且有电流流过等，外加磁场时，因磁化的方向集中转向与外加磁场相一致，从而对外显示很强的磁性，即变为永磁体。

2. 软磁性（soft）和硬磁性（hard）材料

上述磁化过程可由磁化曲线（$J\text{-}H$、$B\text{-}H$ 曲线）表示。横轴表示的外部磁场（H）是电流与线圈匝数的乘积，纵轴表示受外部磁场作用的材料的磁化强度（J）或磁通密度（B）（图4-2）。B 是在 J 的基础上加上真空磁导率的部分，当 H 变大时需要注意二者的区别，这里涉及的是 B。

随着线圈中流过的电流增加，形成的磁场 H 逐渐增强。在此过程中，或者与 H 方向一致的磁畴增大，或者磁畴转向 H 方向，在外部也会显示出磁性。当磁畴的所有方向达到一致时，便实现磁饱和。与之对应的便是饱和磁通密度（B_s），被磁化的容易程度（斜率）称为磁导率（μ）。

随着线圈中流过的电流减少，磁性体的磁化降低，但即使电流降低为0，磁通密度（B）也不返回到0。称这种磁场（H）为0时的磁化为残留磁通密度（B_r）。若进一步向反方向流过电流，存在使材料的磁通密度变为0的反磁场，称该磁场为矫顽力（H_c）。H_c 大的材料，其 $B\text{-}H$ 磁化曲线显示的磁滞效应（往返之差）大。对应 H_c 小，磁化曲线瘦高的材料称为"软磁性（soft）"材料，对应 H_c 大，磁化曲线胖矮的材料称为"硬磁性（hard）"材料。

3. 超过居里温度，则铁磁性变为顺磁性

纯铁加热到910℃，变为奥氏体相，但在此前的770℃，会发生从铁磁性变为顺磁性的磁性相变。对应的相变温度为居里温度（T_c）。该温度对应由于自旋方向随机化而不发生自发磁化的温度。居里温度下的磁性转变如图4-3所示。

本节重点

（1）铁磁性体中的自发磁化。

（2）何谓软磁材料和硬磁材料？

图4-1　铁磁性体中磁畴及其在外磁场作用下的变化

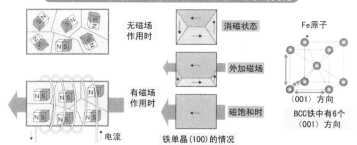

铁单晶(100)的情况

BCC铁中有6个 〈001〉方向

　　铁磁性体可以看作无数小永磁体(磁畴)的集合体。外加磁场时,磁畴取向一致。铁中的6个〈001〉方向在同一磁畴中统一取向,整体上看磁力线呈封闭状态;而在大的磁场中,所有磁畴的取向趋向一致。

图4-2　磁化曲线(B-H, J-H曲线)

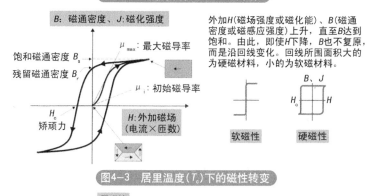

外加H(磁场强度或磁化能)、B(磁通密度或磁感应强度)上升,直至B达到饱和。由此,即使H下降,B也不复原,而是沿回线变化。回线所围面积大的为硬磁材料,小的为软磁材料。

软磁性　　硬磁性

图4-3　居里温度(T_c)下的磁性转变

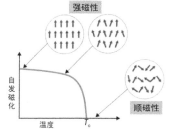

当处于居里温度以上的高温时,由强(铁或亚铁)磁性变为顺磁性。箭头表示磁畴内自旋方向的变化。

4.1.3 硅钢和坡莫合金

——硅钢片具有加工择优取向，坡莫合金具有零磁致伸缩

常见软磁合金材料分为两组，一组为 Fe 系合金，另一组为坡莫（Fe-Ni）合金。材料的磁学特性通过合金化得到改善的方面有：（1）电阻升高，铁损耗得到改善；（2）可降低晶体磁各向异性常数和磁致伸缩常数，直至为零（由此也有可能使低磁场强度下的磁导率增大、矫顽力降低）。但是，合金化也可能带来不利的结果，如可使饱和磁通密度降低等。

硅钢是碳的质量分数 w_C 在 0.02% 以下，硅的质量分数 w_{Si} 为 1.5% ~ 4.5% 的 Fe 合金。常温下 Si 在 Fe 中的固溶度大约为 15%，但 Fe-Si 系合金随 Si 量的增加，加工性变差，因此，硅的质量分数 w_{Si} 约为 5% 是一般硅钢制品的上限。随 Si 添加量的增加，硅钢的晶体磁各向异性常数 K 下降（磁致伸缩常数 λ_s 也下降），在保证磁畴内的均匀性、各向同性的前提下，可以达到矫顽力低、磁导率高等所期望的特性。因此，硅钢是非常优秀的软磁性材料之一。而且，添加 Si 可显著地提高电阻率，减少铁损耗，因此，硅钢也是交流电器用的较理想的材料。

另外，从实用方面考虑，为符合使用条件，常选用某一方向为易磁化方向，这样更容易磁化。例如，大量生产的硅钢片就是通过对变形再结晶组织轧板，使其产生板织构，大多数晶粒的 {110} 面平行于轧面，<100> 方向平行于轧向。而 <100> 方向正是铁的易磁化方向，如图 4-4 所示。

坡莫合金（Permalloy：该名称的意思为具有高磁导率的合金）是指成分为 Fe（w_{Fe}=35% ~ 80%）-Ni 的合金，具有面心立方点阵。坡莫合金具有很高的磁导率，但依 Ni 含量及冷却条件等的不同，其磁性能有很大的变化。

Fe-Ni 系合金在 w_{Ni}=70% ~ 80% 的范围内，具有最佳的综合软磁特性。此时，磁致伸缩常数 λ_s=0（w_{Ni} 在 81% 附近），磁各向异性常数 K=0（w_{Ni} 在 76% 附近）。Fe（w_{Fe}=50% ~ 85%）-Ni 二元合金在 490℃ 发生有序-无序转变，缓冷时会形成 Ni_3Fe 有序结构相，致使晶体磁各向异性常数 K 增大，磁导率 μ 下降。因此，必须从 600℃ 急冷以拟制有序相的出现，增加无序结构相，急冷的坡莫合金的磁导率在 w_{Ni} 为 80% 附近出现极大值。通过添加第三元素可有效地抑制上述有序结构相的形成。例如，通过添加 Mo、Cr、Cu 等开发多元系坡莫合金，出现了超坡莫合金。

本节重点
（1）举出通过合金化改善材料磁学特性的实例。
（2）硅钢是如何通过合金化来改善材料磁学特性的？
（3）坡莫合金是如何通过合金化改善材料磁学特性的？

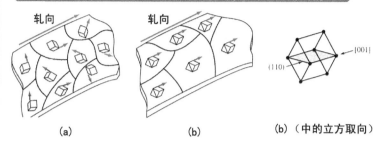

图 4-4　多晶 Fe-(3% ～ 4%)Si 合金片中的定向排列情况

轧向　　　　　轧向

(a)　　　　　　(b)　　　　　　(b)（中的立方取向）

(a) 随机取向；(b) 具有 (110)[001] 织构的定向排列（右侧的小立方体表示每个晶粒的取向）

表 4-2　一些典型软磁材料的性质

名　称	组　成	相对磁导率 μ_r		矫顽力 H_c /（A/m）	剩磁 B_r/T	B_{max} /T	电阻率 /$\mu\Omega \cdot m$
		初始	最大				
工业纯铁	99.8% Fe	150	5000	80	0.77	2.14	0.10
低碳钢	99.5% Fe	200	4000	100		2.14	1.12
硅钢,无取向	Fe-3% Si	270	8000	60		2.01	0.47
硅钢,晶粒择优反向	Fe-3% Si	1400	50000	7	1.20	2.01	0.50
4750 合金	Fe-48% Ni	11000	80000	2		1.55	0.48
4-79 坡莫合金	Fe-4% Mo-79% Ni	40000	200000	1		0.80	0.58
超合金	Fe-5% Mo-80% Ni	80000	450000	0.4		0.78	0.65
2V-Permendur（坡莫合金之一）	Fe-2% V-49% Co	800	450000	0.4		0.78	0.65
超坡莫合金	Fe-2% V-49% Co		100000	16	2.00	2.30	0.40
Metglas 2650SC	$Fe_{81}B_{13.5}Si_{3.5}C_2$		300000	3	1.46	1.61	1.35
Metglas 2650S-2	$Be_{78}B_{13}S_9$		600000	2	1.35	1.56	1.37
MnZn 铁氧体	H5C2	10000		7	0.09	0.40	1.5×10^5
MnZn 铁氧体	H5E	18000		3	0.12	0.44	5×10^4
NiZn 铁氧体	K5	290		80	0.25	0.33	2×10^{12}

4.1.4 电磁钢板及在变压器中的使用

1. 采用单方向性硅钢板，Si 使电阻率升高，而且结晶方位可控

在软磁性的钢铁材料中，常用的有方向性硅钢板和无方向性硅钢板。前者主要用于变压器，多采用含硅3%以上的合金化。此情况下的合金相图如图 4-5 所示，γ 相消失，成为 BCC 单层，通过加工热处理，特别是高温退火，可使特定方位的晶粒长大。

制作方法，将上述硅铁进行热轧、冷轧，达到 0.2～0.35mm 厚度，通过一次退火使加工组织再结晶，由于 MnS 及 AlN 的微细析出，抑制晶粒生长。进一步将其在 1200℃ 高温退火，发生二次再结晶，可使压延面向着 [011]，压延方向向着 <100> 的晶粒发展长大（图 4-6）。如果磁路设计时使磁通向着该压延方向的 <100>，则在相同的电流下除了可以产生更多的磁通之外，还可以使 4.1.2 所述的 B-H 曲线更高、更瘦，从而使磁滞损耗变小。这便是称其为单方向性的理由。

2. 为减小交流发生的涡流，变压器采用薄板积层结构

若磁通（磁场）变化，为抵消其变化而流过的损耗电流称为涡流（图 4-7）。若电阻小则有更多的涡流流过，从而造成大的损耗。这种涡流在与磁通变化的方向相垂直的面上发生，因此，除了在电磁钢板中使 Si 量增加以提高电阻之外，采用薄板的绝缘积层结构可有效降低涡流的发生（图 4-8）。马达中使用的无方向性电磁钢板（0.5mm）也采用积层结构，但由于是回旋体，因此不应具有方向性（图 4-9）。

高周波用途多采用含 Si 量 6.5% 钢板。高含硅量除了电阻高之外，由于磁致伸缩常数 $\lambda_s=0$，因此磁学特性也好。但高含硅量导致脆性，故一般采用含 Si 量 3% 的硅铁经压延减薄后，在高温加热，由表面进行 Si 的扩散而制作。

（1）何谓集肤效应和集肤深度？
（2）采用单方向性硅钢板的目的是什么？
（3）为什么变压器一般采用薄板积层结构？

图4-5 Fe—Si相图及硅钢板的成分

3%Si
Si(质量分数)/%
Fe₂Si
γ相(FCC)
α相(BCC)
α
温度/℃
磁性转变
Fe
Si(原子分数)/%

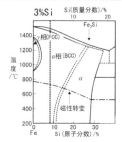

Fe中添加3%的Si构成BCC(α相)单相。加热至1200℃使其晶粒粗大化。

图4-6 单方向硅钢板的晶体结构

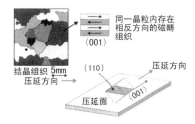

同一晶粒内存在相反方向的磁畴组织
〈001〉
结晶组织 5mm
压延方向
{110}
压延方向
〈001〉
压延面

图4-7 变压器的构造(a)和方向性硅钢板(b)

一次线圈
二次线圈
反作用磁通
交流
负载
磁通
电压正比于线圈的匝数之比
卷绕铁芯
叠片铁芯
箭头所指为铁的〈001〉方向

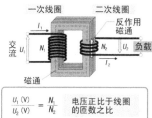

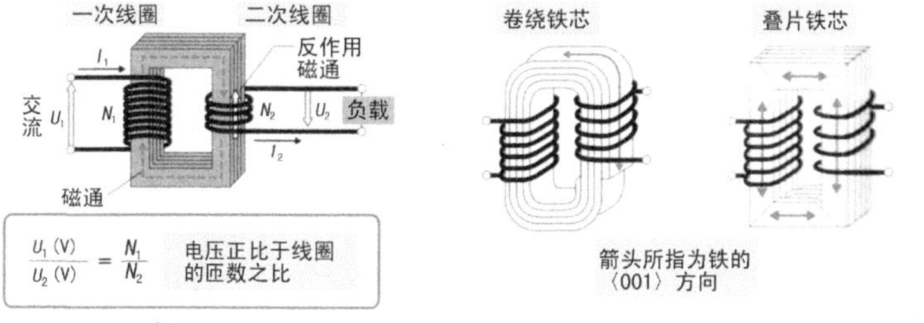

$$\frac{U_1(V)}{U_2(V)}=\frac{N_1}{N_2}$$

(a)　　(b)

图4-8 施加磁场时导致涡流发生

为抵消磁通变化，会有涡流产生
板厚
磁通的变化
因涡流造成的发热大
积层结构(发热小)

图4-9 积层型无方向性电磁钢板

绕线电极
薄板(0.2～0.5mm)积层结构

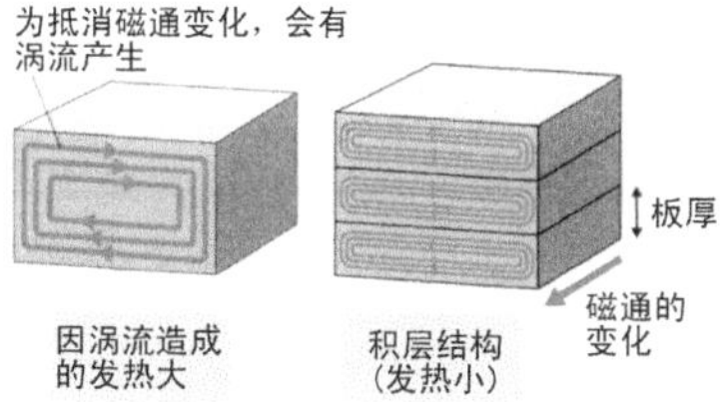

4.2 金属玻璃——非晶态高磁导率材料

4.2.1 非晶电磁薄带

1. 好不容易发出的电力，送电和配电会造成总电能 5% 的损耗

一般情况下，由发电厂直到配电至各家各户及工厂的送配电损耗大约占总电能的 5%。其中，送电损耗占 1% ～ 2%，经 3 ～ 4 个变电站及柱上变压器的损耗占 3% ～ 4%。发达国家的损耗要小些，发展中国家的电网损耗要大得多。变压器的损耗大体上分为无负载损耗和负载损耗两大类（图 4-10）。

无负载损耗是由变压器材料的磁滞损耗和涡流损耗引起的，故称为铁损，在一定周波数的电源电压施加在一次侧的条件下，与二次侧的负载无关而发生的损耗。与之相对，负载损耗是由绕线线圈电阻所引起的电阻损耗（焦耳热损耗），故称为铜损，其与负载电流的 2 次方成正比。

变压器是针对最大负载而设计的，但在工厂等用户，并非在整个昼夜都流过最大负载电流，在夜间及休假日，铁损就成为电力损耗的主要组成部分。平均来看，通常实质负载率在 40% 以下的场合居多，因此，降低无负载损耗就显得极为重要（图 4-11）。

2. 无负荷（待机电力）损耗小的金属玻璃

由 Fe-B-Si 组成的熔融金属由喷嘴喷射在水冷铜辊表面，使其以 10^6℃/s 以上的冷速急速冷却，不使其发生结晶化，就可以得到在常温保持液体组织状态的金属玻璃（非晶态）薄带（0.025mm 厚，图 4-12）。这种薄带除了没有前述单方向硅钢片所具有的方向性之外，还具有高的磁导率并表现出低的磁滞损耗。而且，由于电阻高、涡流损失小，因此发热少。无负载损耗仅为硅钢板的 1/5 ～ 1/2，可期待成为对应地球温暖化的变压器适用材料（图 4-13）。

有待开发的课题主要有：①与硅钢片相比，由于饱和磁通密度（B_S）小，因此同功率变压器的尺寸大；②由于磁致伸缩大，故噪声大，需要采取克服噪声的对策；③由于非晶态薄带的厚度小一个数量级，因此会提高组装价格等。这些课题正在开发解决之中，目前在工厂及新配置的供电网中正在扩大使用。

磁致伸缩：铁（Fe）的磁畴在磁化方向上发生伸长（缩短）的现象。在有交流电流过时，由于 Fe 发生伸缩而成为噪声、振动的原因。

本节重点

(1) 变压器的损耗大体上分为无负载损耗和负载损耗两大类。
(2) 金属玻璃有待开发的课题主要有哪些？
(3) 何谓磁致伸缩？磁致伸缩大的磁芯材料用于变压器会发生何种问题？

图4-10　变压器的各种损失

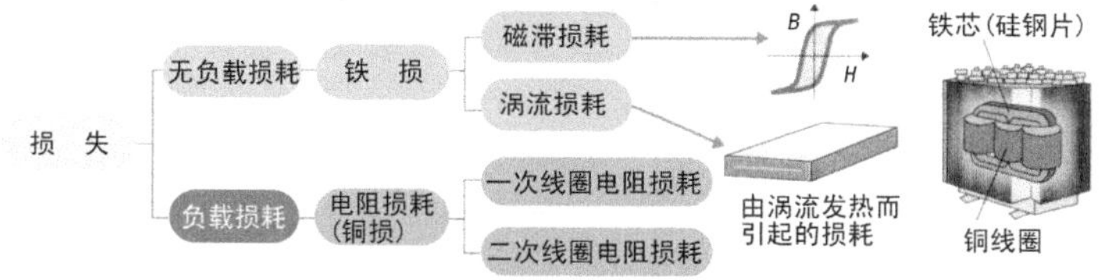

损 失
- 无负载损耗 —— 铁 损
  - 磁滞损耗
  - 涡流损耗
- 负载损耗 —— 电阻损耗 (铜损)
  - 一次线圈电阻损耗
  - 二次线圈电阻损耗

由涡流发热而引起的损耗

铁芯(硅钢片)

铜线圈

图4-11　不同负载率下变压器的全损耗的变化

变压中引起的损耗分铁损(无负载损耗)和铜损(负载损耗)两大类。前者即使不输出电力也会发生。

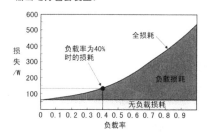

损失/W

- 600
- 500
- 400　全损耗
- 300　负载率为40%时的损耗
- 200　负载损耗
- 100　无负载损耗

0　0.1 0.2 0.3 0.4 0.5 0.6 0.7 0.8 0.9
负载率

在通常负载率(40%)下，减少无负载损耗(铁损)的重要性增大。为此需要降低磁性材料的磁滞损耗和涡流损耗。

(单相30kV·A，油浸，配电变压器的情况)

图4-12　非晶态电磁薄带的制作方法

超急冷铸造(冷却速度) $10^6[℃/s]$
在形成薄带的同时不使熔融合金结晶化

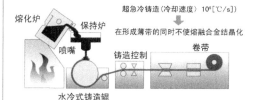

熔化炉　保持炉　喷嘴　铸造控制　卷带　水冷式铸造辊

将Fe-B-Si合金熔液在水冷辊上喷射、急冷，直接做成0.025mm厚的薄带，可形成非晶态结构。

图4-13　变压器用铁芯材料的比较实例

特性与参数	方向性硅钢板	Fe-B-Si非晶态薄带
饱和磁通密度 (B_s)/T	2.03	1.56
电阻率/$\mu\Omega\cdot m$	0.50	1.37
板厚/mm	0.23	0.025
无负载损耗/(W/kg)	0.44	0.07(小)
特征		B_s低(造成大型化)磁致伸缩大(引发噪声)

非晶态电磁薄带的电阻大，涡流小，因此无负载损耗小。但是由于饱和磁通密度小，存在变压器体积大，以及会产生噪声等课题。

4.2.2 非晶态金属与软磁铁氧体的对比
——金属玻璃的优缺点都源于其非晶态金属的本性

若对铁氧体做大的分类，可分为以永磁体使用的硬磁铁氧体和以电子元器件芯材使用的软磁铁氧体两大类。前者的特点是磁通密度 B_r 高，矫顽力 H_c 大，后者的特点是饱和磁通密度 B_s、矫顽力 H_c 小，磁导率大。

与之相对，所谓非晶态 (amorphous) 金属是指，由 Fe、Co、Ni 等铁磁性金属与 Si、B 等半金属共熔，藉由冷却辊急冷而制成的薄膜 (10 ~ 25μm) 状合金，它不具有金属通常所具有的晶态结构。

由于非晶态金属的晶体磁各向异性小，从而显示出优秀的软磁特性，如高的磁导率、小的矫顽力等，再加上很高的电阻率，其高频特性极为优良，因此成为节能效果显著的磁性材料。当然，非晶态金属也有固有的缺点，它的结晶化温度在 500℃ 附近，一旦超过结晶化温度便失去非晶态的特性，返回通常的晶态金属状态。

另外，在制作非晶态金属时，以前只能形成厚度为几十微米的金属薄带，为了得到厚度大的板形材料，需要将金属薄带重叠使用。

作为解决该问题的方法，1994 年日本东北大学金属材料研究所的井上明久研究团队发表了井上的三个经验规则。后来也能制作出比之更大的块体状非晶态金属。图 4-14 表示软磁铁氧体与非晶态金属之间的差别。

本节重点

(1) 试对软磁铁氧体与金属玻璃的组织结构进行对比。

(2) 试对软磁铁氧体与金属玻璃的特征进行对比。

(3) 为保证金属玻璃的形成，其化学组成有什么特点？

图 4-14　软磁铁氧体与非晶态金属的比较

晶体结构（晶态）　　　　　　　非晶体结构（非晶态）

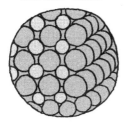 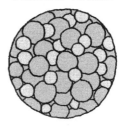

（a）软磁铁氧体的构造　　　　　（b）非晶态金属的构造
原子位置规则有序，呈　　　　　构成物质的原子的排列不
周期性排列的固体　　　　　　　具有规则性（长程无序）

1. 非晶态金属的特征
(1) 在非晶态材料中不存在像金属晶体那样的滑移面；
(2) 均匀性高，不存在晶界；
(3) 藉由在组成内添加铁磁性金属可获得优良品质的软磁材料；
(4) 由于不存在各向异性，故磁畴壁的移动较容易；
(5) 非晶态金属多用于低周波变压器、噪声滤波器等；
(6) 磁导率非常高；
(7) 主要是在低周波下使用；
(8) 价格贵。

2. 软磁铁氧体的特征
(1) 磁导率高；
(2) 由于是氧化物，电阻率非常高，故涡流损失小；
(3) 由于涡流损失小，因此作为高周波领域的磁性材料广泛采用；
(4) 由于是烧结体（如同陶瓷那样），烧结前易于形成各式各样的形状；
(5) 由于是烧结体（如同陶瓷那样），性脆而容易破碎；
(6) 量轻且具有优良的耐腐蚀性、耐氧化性；
(7) 原材料易得到且价格便宜，不受供应限制。

4.2.3　利用熔融合金甩带法制作非晶薄带
——急冷是制作金属玻璃的关键

　　非晶态材料处于结晶化前的中间状态，可由气相急冷法、液相急冷法、缺陷导入法、扩散反应法制取。从原理上讲，只要将转变过程中某些非平衡状态"冻结"下来，就可能得到非晶态，常用的有图 4-15 所示的三种方法。

　　薄膜离心急冷法（splat cooling）：也称"泼冷法"，是德韦茨（P.Duwez）等在 1960 年发明的。该法的原理是：利用高速气流冲击一小滴熔融金属，使之在高速旋转的冷铜盘表面上凝固成一薄膜。此时金属的冷却速度比普通的冷铸冷却速度高几个数量级。

　　单辊急冷法（MS 法）：将合金熔体喷射到一个快速转动的冷却铜辊表面，形成薄而连续的非晶合金条带（图 4-16）。具体操作是：将合金样品置于石英管底部，调节石英管位置，使合金样品处于感应圈中部，启动中频电源，利用感应加热融化合金样品，启动铜辊，调节其转速并设定值后，降低石英管，高压氩气推动合金熔体至冷却铜辊表面，剥离气嘴中喷出的高压气流将铜辊表面的合金条带吹离铜辊，便可制得连续的非晶合金条带。

　　双辊薄带浇铸法：双辊薄带浇铸法可以说是连续制造非晶态合金薄板的一种很有前途的生产方法。该法结合浇铸与热轧于一道工序，能够一步生产平板轧材，在生产成本效益上显著优越于传统生产方法。

　　本节重点

　　（1）何谓非晶态材料？非晶态材料可由哪些方法来制取？
　　（2）请介绍制作金属玻璃的离心急冷法。
　　（3）请介绍制作金属玻璃的单辊甩带法和双辊甩带法。

图 4-15 利用熔融合金急冷法制作非晶合金薄带的原理

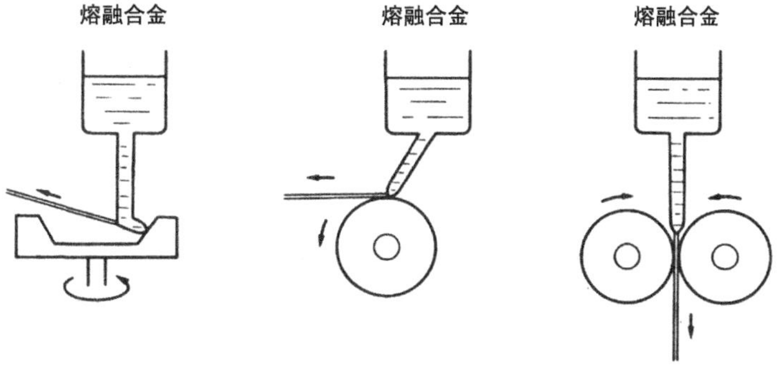

熔融合金　　　　　　熔融合金　　　　　　熔融合金

(a)离心急冷法　　　(b)单辊急冷法　　　(c)双辊薄带浇铸法

图 4-16 利用熔融合金甩带法制作非晶薄带

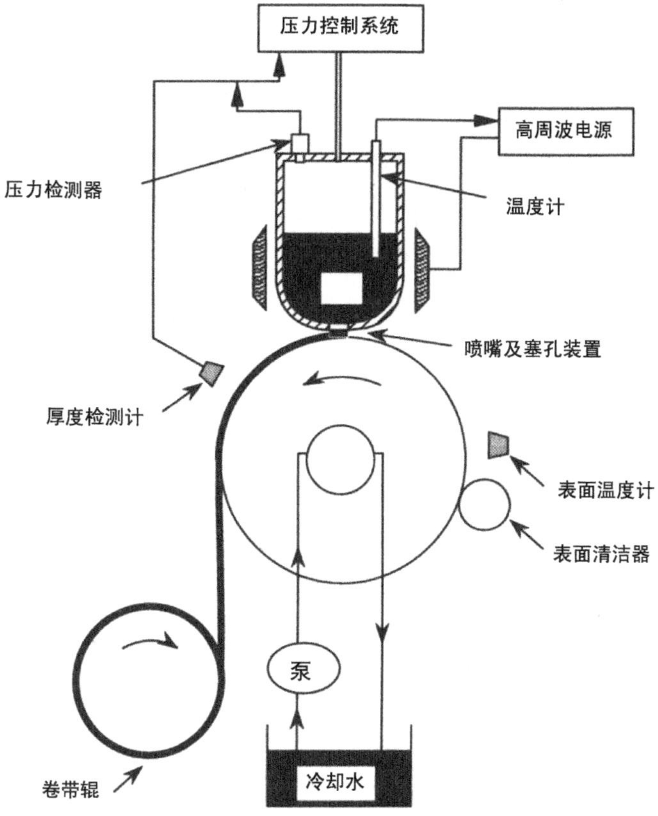

压力控制系统

高周波电源

压力检测器

温度计

喷嘴及塞孔装置

厚度检测计

表面温度计

表面清洁器

泵

卷带辊

冷却水

4.2.4 非晶态高磁导率材料的特性

——以铁、钴、镍为基质的金属玻璃具有优良的软磁特性

严格地说，"非晶态固体"不属于固体，因为固体专指晶体；它可以看作一种极黏稠的液体。因此，"非晶态"可以作为另一种物态提出来。玻璃内部结构没有"空间点阵"特点，而与液态的结构类似。只不过"类晶区"彼此不能移动，造成玻璃没有流动性。通常将这种状态称为"非晶态"。

作为一类特殊结构的刚性固体，金属玻璃具有比一般金属都高的强度（如非晶态 $Fe_{80}B_{20}$，断裂强度 σ_F 达 3700MPa，为一般结构钢的七倍多）；而且强度的尺寸效应很小。它的弹性也比一般金属好，弯曲形变可达 50% 以上。硬度和韧性也很高（维氏硬度一般在 1000～2000HV）。含铬量低的铁基金属玻璃（如 $Fe_{27}Cr_8P_{13}C_7$）的抗腐蚀性远比不锈钢好。由于原子排列的长程无序，声子对传导电子散射的贡献很小，使其电阻率很高，室温下一般在 $100\mu\Omega\cdot cm$ 以上，电阻率的温度系数很小；在 0K 时具有很高的剩余电阻。

以过渡金属（铁、钴、镍）为基质的金属玻璃具有优异的软磁性能（表4-3）、高磁导率和低交流损耗，远优于商用硅钢片，可和坡莫合金相比，如 $(Fe_4Co_{96})(P_{16}B_6Al_3)$ 非晶态合金的矫顽力 $H_c \approx 0.13Oe$（约 10A/m），剩磁 $B_r \approx 4500G$（0.45T），有可能广泛应用于高、低频变压器（部分代替硅钢片和坡莫合金）、磁传感器、记录磁头、磁屏蔽材料等。

本节重点

(1) 金属玻璃用于磁性材料有哪些优缺点？

(2) 试对金属玻璃、硅钢片、坡莫合金的性能和应用进行比较。

(3) 调研金属玻璃的发展和应用现状。

表 4-3　非晶态高导磁率材料的静磁学特性

种类	材料	特性测定条件	B_s /T	B_r /T	B_r/B_s	H_r /(A/m)	μ_{sm} /10^3	λ_s /10^{-6}	ρ/μ Ω·cm	T_c /°C
高磁导率用	$Fe_5Co_{70}Si_{15}B_{10}$	急冷磁界中冷却	0.67	0.23	0.35	0.79	130	约0	—	430
			0.67	0.55	0.82	1.19	200~300			
	$Fe_{40}Ni_{40}P_{14}B_6$	急冷施加张力	0.83	0.41	0.49	0.79	410	11	—	—
			0.83	0.77	0.93	0.56	1100			
高密度磁通用	$Fe_{80}B_{16}P_1C_3$	急冷施加张力	1.71	0.40	0.23	51.7	62	29	—	292
			1.71	1.46	0.85	3.2	365			

书角茶桌
由 N、S 磁极指路而行走的走磁性细菌

自然界中存在以不可思议的方式行动的生物，其中靠磁铁指路而行走的就有所谓的走磁性细菌，它是向着北极或南极一步一步持续移动的，具有特殊性质的细菌。

图 4-17 中表示走磁性细菌的特殊结构及其行走方式。其体内有数颗排成直线的磁体（磁铁矿）微球，靠磁极指路而移动。而且，走磁性细菌喜欢生活在氧气少的环境中，普通情况下，生活在海底及湖沼底部的泥中，如果在北半球生息的走磁性细菌向着北极，而在南半球生息的走磁性细菌则向着南极，它们一步一步地持续移动。但是地球的两磁极位于球体的内部，因此是向着地磁场的磁倾角的方向前进。

如此看来，走磁性细菌宛如向着北极（南极）而持续行走的世界上最小的微型列车。

图 4-17　由 N、S 磁极指路而行走的走磁性细菌

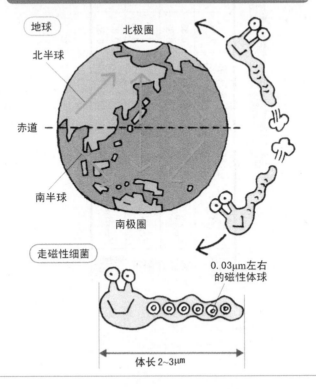

地球

北极圈

北半球

赤道

南半球

南极圈

走磁性细菌

0.03μm 左右的磁性体球

体长 2~3μm

第 5 章

永磁材料及其进展

书角茶桌

　　生物体内存在着指南针？

5.1 永磁材料的主要类型

5.1.1 好的永磁体需具备哪些条件

——磁通密度、矫顽力都要高，坚固且低价格

迎来电子设备小型、节能时代的今天，磁体在所有领域都十分活跃。而且，在这种情况下，对特性好的永磁体的需求，几乎所有方面都十分活跃。那么，在这种场合下，所谓好的永磁体所指为何呢？

尽管判断标准因使用目的不同而异，但一般是指对铁等的吸引力强，残留磁通密度、矫顽力都大，温度特性优异的永磁体。此外，坚固、加工性能好，而且小型、轻量、低价格等也是考虑的因素。如图5-1所示。

下面，针对现有的永磁类型进行大概的比较。图5-2汇总了主要永磁体的退磁特性。从图5-2中可以看出，钕铁硼永磁的B_r、H_c都为最大。对于铝镍钴永磁来说，尽管残留磁通密度（B_r）高，但矫顽力（H_c）却相当低。另外，由于矫顽力小的永磁容易退磁，因此必须在磁回路（永磁产品）制成的最后阶段进行充磁。与之相对，由于铁氧体永磁及稀土类永磁（钕系永磁，钐系永磁）的矫顽力大，对磁体单体预先充磁也是可以的。

表5-1中列出了主要磁体的磁学特性。顺便指出，铝镍钴永磁现在几乎不再使用。其理由是，由于矫顽力非常低，非常容易退磁。但是，其残留磁通密度的温度相关性极小（−0.02%），因此，在计器仪表类等极为重视温度特性的装置中，仍有使用。

本节重点
(1) 全部满足性能要求的永磁体是不存在的。
(2) 介绍几种典型永磁体的退磁曲线。
(3) 介绍几种典型永磁体的磁学特性。

图 5-1 好的永磁体应具备哪些条件

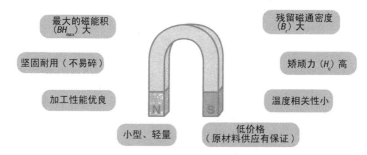

最大的磁能积 (BH_{max}) 大

残留磁通密度 (B_r) 大

坚固耐用（不易碎）

矫顽力 (H_c) 高

加工性能优良

温度相关性小

小型、轻量

低价格（原材料供应有保证）

图 5-2 永磁体的代表性退磁特性

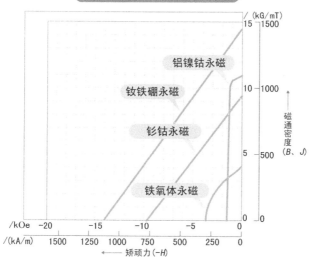

铝镍钴永磁

钕铁硼永磁

钐钴永磁

铁氧体永磁

表 5-1 永磁体的代表性磁学特性

分类项目	主要材料的名称	残留磁通密度 /T	矫顽力 /(kA/m)	最大磁能积 /(kJ/m³)
永磁体的种类	锶铁氧体	约0.45	200~300	20~30
	铝钴镍（Al-Ni-Co）	0.8~1.1	50~100	50~60
	钐钴（Sm_2Co_{17}）	约1.0	约800	200~250
	钕铁硼（$Nd_2Fe_{14}B$）	1.2~1.4	800~2400	200~400

5.1.2 永磁材料的分类
——按构成材料、晶体学方位取向度、实现块体化方法分类

所谓永磁体，可以认为是，即使不从外部供给能量，也可以使外部磁场持续发生的一类部件。永磁体所发生的磁场，可用来产生电磁力（如电动机），也可作为磁性器件的偏置磁场而使用。虽然在线圈中流过电流也可以产生磁场，但流动的电流会引起铜损。如果使用永磁体，则可避免铜损发生，因此，永磁体的使用可有效改善机器的效率。

永磁体的应用极为广泛，从小型部件如磁传感器用偏置磁场的发生装置及照相机的焦点用照相机，到大型部件如风能系统的风力发电机及 MRI 的磁场施加装置等。近年来，汽车用小型电动机更是为永磁体的应用开辟了广阔市场。

（1）从材料的角度分类。永磁体可以分为非稀土类金属磁体 [以下简称金属永磁 (metal magnet)]、铁氧体永磁 (ferrite magnet) 及稀土永磁 (rare-earth magnet) 三大类。

（2）按晶体学方位的取向度分类。构成永磁体材料的晶体需要具备"单轴磁各向异性 (uniaxial magnetic anisotropy) "。所谓单轴磁各向异性，是指具有两次对称性的磁各向异性，晶体在特定的方向及与其成 180° 的方向为"易磁化方向 (easy direction magnetization) "。对于永磁体来说，依各个晶粒的易磁化方向分布的不同，分为两种类型。一种如图 5-3 (a) 所示，各个晶粒的易磁化方向集中于同一方向，这种永磁体称为"各向异性永磁体 (anisotropic magnet) "；另一种如图 5-3 (b) 所示，各个晶粒的易磁化方向各不相同，这种永磁体称为"各向同性永磁体 (isotropic magnet) "。

（3）按实现块体化的方法分类。永磁体可以分为非稀土类金属磁体 [以下简称铸造永磁 (casted magnet)]、黏结永磁 (bonded magnet) 、烧结永磁 (sintered magnet) 及热加工永磁 (hot-deformed magnet) 四大类。

各向异性及各向同性永磁体的磁滞回线示意图如图 5-4 所示。受不同方向外加磁场作用，磁滞回线不同（图 5-5）。六方晶胞的 a 轴与 c 轴如图 5-6 所示。

本节重点

（1）从材料角度，永磁材料是如何分类的？

（2）按晶体学方位，永磁材料是如何分类的？

（3）按实现块体化的方法，永磁材料是如何分类的？

图 5-3　磁化方向的分布模式（六角形表示晶粒，箭头表示易磁化方向）

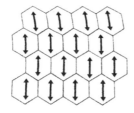 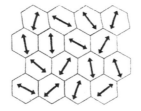

(a)各向异性永磁　　　　(b)各向同性永磁

图 5-4　各向异性及各向同性永磁体的磁滞回线示意图

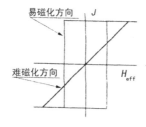 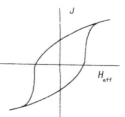

(a)各向异性永磁　　　　(b)各向同性永磁

图 5-5　受不同方向外加磁场作用，磁滞回线不同

图 5-6　六方晶胞的 *a* 轴和 *c* 轴

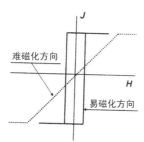 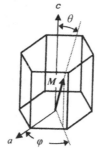

5.1.3　高矫顽力材料

——高矫顽力是永磁材料的本质所在

　　高矫顽力材料即所谓的硬磁材料、永磁材料、磁钢等。永磁材料一经外磁场磁化以后，即使在相当大的反向磁场作用下，仍能保持一部分或大部分原磁化方向的磁性。对这类材料的要求是剩余磁感应强度 B_r 高，矫顽力 $_bH_c$（即抗退磁能力）强，磁能积（BH，即给空间提供的磁场能量）大，表现为磁滞回线很胖。

　　从制作和应用角度，永磁材料分合金、铁氧体和金属间化合物三大类。①合金类：包括铸造、烧结和可加工合金。铸造合金的主要品种有 AlNi(Co)、FeCr(Co)、FeCrMo、FeAlC、FeCo(V)(W)；烧结合金有 RE-Co（RE 代表稀土元素）、RE-Fe 以及 Al-Ni (Co)、Fe-Cr-Co 等；可加工合金有 Fe-Cr-Co、Pt-Co、Mn-Al-C、Cu-Ni-Fe 和 Al-Mn-Ag 等，后两种中 $_bH_c$ 较低者也称半永磁材料。②铁氧体类（硬磁铁氧体）：主要成分为 $MO \cdot 6Fe_2O_3$，M 代表 Ba、Sr、Pb 或 SrCa、LaCa 等复合组分。③稀土类和金属间化合物类：主要以 Sm_2Co_{17}、$Nd_2Fe_{14}B$ 和 MnBi 为代表。

　　永磁材料有多种用途：①基于电磁力作用原理的应用主要有扬声器、话筒、电表、按键、电机、继电器、传感器、开关等；②基于磁电作用原理的应用主要有磁控管和行波管等微波电子管、显像管、钛泵、微波铁氧体器件、磁阻器件、霍尔器件等；③基于磁力作用原理的应用主要有磁轴承、选矿机、磁力分离器、磁性吸盘、磁密封、磁黑板、玩具、标牌、密码锁、复印机、控温计等。其他方面的应用还有磁疗、磁化水、磁麻醉等。

　　根据使用的需要，永磁材料可有不同的结构和形态。有些材料还有各向同性和各向异性之别。

　　主要的高矫顽力材料如表 5-2 所示。

表5-2　主要的高矫顽力材料

材　　料		残留磁通密度 B_r/T	矫顽力/(kA/m)			最大磁能积 $(BH)_{max}$/(kJ/m³)
			H_{cJ}	H_{cB}		
钢系	马氏体钢,9% Co	0.75	11	10		3.3
	马氏体钢,40% Co	1.00	21	19		8.2
Fe—Cr—Co	各向同性	0.80	42	40		12
	各向同性	1.00	46	45		28
	各向异性	1.30	49	47		43
铝镍钴系	铝镍钴5,JIS-MCB500	1.25	—	50.1		39.8
	JIS-MCB750	1.35	—	61.7		63.7
	铝镍钴6	1.065	—	62.9		31.8
	铝镍钴8(Ticonal 500)	0.80	—	111		31.8
	Ticonal 2000	0.74	—	167		47.7
铁氧体系	$BaFe_{12}O_{19}$各向同性	0.22~0.24	255~310	143~159		7.96~10.3
	$BaFe_{12}O_{19}$湿式各向异性（高磁能积型）	0.40~0.43	143~175	143~175		28.6~31.8
	$BaFe_{12}O_{19}$湿式各向异性（高矫顽力型）	0.33~0.37	239~279	223~255		19.9~23.9
	$SrFe_{12}O_{19}$湿式各向异性（高磁能积型）	0.39~0.42	199~239	191~223		26.3~30.2
	$SrFe_{12}O_{19}$湿式各向异性（高矫顽力型）	0.35~0.39	223~279	215~255		20.7~26.3
稀土系	Sm_2Co_{17}	1.12	550	520		250
	$Nd_2Fe_{14}B$	1.23	960	880		360

5.1.4 半硬质磁性材料

——磁性能介于软磁和硬磁之间

　　永磁体充磁以后，一般是在充磁状态不变的情况下，利用静磁能工作；但有些市场需求要求通过外部信号使充磁状态变化，即在利用动磁能的状态下工作。后者的典型应用包括各类继电器、开关、半固态存储器、磁滞式马达等。从永磁体最基本的功能讲，应要求一定程度的矫顽力；从对信号的感受性讲，应要求矩形磁滞回线，而且应有稳定的高残留磁通密度。如此，一般将矫顽力处于高磁导率材料与高矫顽力之间，同时具有矩形磁滞回线的材料称为半硬性磁性材料。

　　半硬磁性材料是指矫顽力 H_c 介于 800A/m ～ 20kA/m 之间的永磁材料。其磁性能介于软磁和硬磁之间。其特点是矫顽力值虽不高，但磁滞回线方形度和矩形比 B_r/B_s 都较高。工作时靠外磁场改变其磁化状态。材料种类多，多数塑性较好，可冷加工制成薄带、细丝。

　　为获得半硬质磁性材料，有两点很关键：①采用成熟的永磁体制造工艺（例如成分选择、热处理等），以得到最合适的矫顽力；②通过形成晶体磁各向异性、单轴磁各向异性等微细结晶组织，以提高矩形比。目前，为适应各种不同用途，已开发出各种不同种类的半硬质磁性材料。表 5-3 和表 5-4 列出了几个实例，其矫顽力大多在 1 ～ 10kA/m，残留磁通密度在 1T 左右。

本节重点

　　(1) 何谓半硬质磁性材料？它有哪些特点？

　　(2) 半硬质磁性材料主要应用于哪些领域？

　　(3) 半硬质磁性材料按合金结构和热处理分为哪几类？

表 5-3　各种半硬质磁性材料的实例

类型	材料		磁通密度 B_r /T	矫顽力 H_c /(kA/m)	矩形比	用途
	系统	成分(质量分数)/%（其余为 Fe）				
淬火硬化型	碳素钢	0.5C	1.2~1.5	1.2~1.6	0.7~0.9	继电器
	Cr 钢	0.9C-0.3Mn-3Cr	1.2	2.8		
	Co-Cr 钢	0.8C-4.5Cr-15Co-0.5Mn	1.1	4.6~5.8	0.6~0.7	
α/γ 相变型	Vicalloy（维加洛铁钴钒永磁合金）	52Co-9V	1.2	7.2	0.92	磁滞式马达
	Remendur（雷门德铁钴钒永磁合金）	49Co-3V	1.7	1.6~4.8	0.9	开关器件
	P6	45Co-6Ni-4V	1.1~1.4	3.2~5.6	0.8	
	Fe-Mn-Ni	9.5Mn-6.5Ni-0.2Ti	1.5	5.1	0.97	
Spinodal 分解型	Fe-Ni-Mo	20Ni-5Mo	1.0	10	0.88	磁滞式马达
	铝镍钴	8.5Al-14Ni-5Co	0.95	12	0.8	
	Fe-Cr-Co	28Cr-9Co	0.95	19		
析出型	Co-Fe-Au	84Co-4Au	1.42	0.74	0.88	半固定存储器件
	尼布克洛依铁钴铌永磁合金	85Co-3Nb	1.45	1.6	0.95	开关器件 半固定存储器件
	Fe-Co-Nb	20Co-2Nb-3Mo	1.91	2.1	0.95	开关器件

表 5-4　一些典型磁记录材料粉末状态下的性能

名称	颗粒长度/μm	长径比	剩余磁密 B_r		矫顽力 H_c		比表面积 /(m²/g)	居里温度 T_c/℃
			/(Wb/m²)	/(emu/cm³)	/(kA/m)	/Oe		
γ-Fe$_2$O$_3$	0.20	5:1	0.44	350	22~34	420	15~30	600
Co-γ-Fe$_2$O$_3$	0.20	6:1	0.48	380	30~75	940	20~35	700
CrO$_2$	0.20	10:1	0.50	400	30~75	950	18~55	125
Fe	0.15	10:1	1.40	1100	56~176	2200	20~60	770
钡铁氧体	0.05	0.02μm 厚	0.40	320	56~240	3000	20~25	350

5.1.5 $SmCo_5$ 系和 Sm_2Co_{17} 系永磁体

——磁化形核型和磁化钉扎型永磁体

$SmCo_5$ 系永磁体是 RE-TM 合金中最早达到实用化的永磁体。$SmCo_5$ 属于六方晶系，具有 $CaCu_5$ 型晶体结构。图 5-7 表示 $SmCo_5$ 晶胞中的 Sm 原子的排布。$a=0.5002nm$，$b=0.5002nm$。

$SmCo_5$ 系永磁体是将粉碎的粉末在磁场中加压成型（磁场取向）、烧结、热处理而制成的。在这种永磁体中，由于各向异性小的 Sm_2Co_{17} 的析出会使矫顽力下降，控制其发生十分重要。热处理条件也要选择抑制 Sm_2Co_{17} 析出的方式。另外，在化学计量方面，以 Sm 计量略为盈余为佳。

对于 $SmCo_5$ 永磁体来说，在热消磁的状态下磁化容易变换，但是，一旦施加高磁场后便表现出很高的矫顽力。其"初始磁化曲线（initial magnetization curve）"及磁滞回线如图 5-8 示意性表示。在热消磁状态下，晶体内存在磁畴壁，在外加磁场作用下，畴壁很容易移动，因此容易引起磁化变化。另外，如果在高磁场作用下，使畴壁完全消失，由于没有畴壁，即使施加反磁场，也不容易造成磁化变化。只有当施加很强的反磁场时，才能发生反向磁畴致使磁化发生变化。称这种磁化反转模式为形核型。

Sm_2Co_{17} 系永磁体的磁化反转模式为图 5-9 所示的钉扎型，其初始磁化曲线和磁滞回线如图中所示意。在这种永磁中，钉扎磁场比形核磁场更高，磁畴壁在钉扎位置被捕获的同时发生移动。因此，即使不施加高磁场也会产生矫顽力，与形核型永磁体相比，初始磁化曲线有很大不同。对于这种永磁体来说，矫顽力由磁畴壁从钉扎位置脱离的磁场决定。实际的 Sm_2Co_{17} 系永磁体的组成为 $Sm(Co，Cu，Fe，M)z$，其中 M=Ti、Zr、Hf，$z=6.8 \sim 7.6$。Fe 是为增加 J_s，M 是为微细组织的控制而加入的。

Sm_2Co_{17} 中，按原子层的积层方式，有六方晶体 [Th_2Ni_{17} 型，图 5-10（a）] 和菱方晶体 [Th_2Zn_{17} 型，图 5-10（b）] 两种晶型。室温下菱方晶体稳定存在。

本节重点	
（1）	$SmCo_5$ 系永磁体是 RE-TM 合金中最早达到实用化的永磁体。
（2）	$SmCo_5$ 系的磁化反转是形核型，Sm_2Co_{17} 系的磁化反转是钉扎型永磁体。
（3）	Sm 和 Co 的资源稀缺，限制了 $SmCo_5$ 系、Sm_2Co_{17} 系永磁体的推广。

图 5-7　SmCo₅ 晶胞中的 Sm 原子的排布

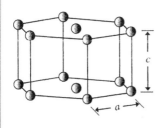

图 5-8　形核型永磁体的磁化曲线示意图

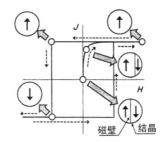

磁壁　结晶

图 5-9　钉扎型永磁体的磁化曲线示意图

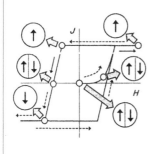

图 5-10　Sm₂Co₁₇ 的晶体结构

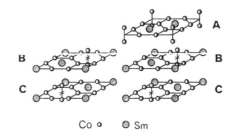

Co ○　Sm ●

a)六方晶体　　b)菱方晶体

5.2 铁氧体永磁材料

5.2.1 常用铁氧体磁性材料的分类

——铁氧体磁体属于陶瓷材料

一提到铁氧体，若泛泛而论，它属于陶瓷类材料。但一说到陶瓷，读者可能马上想到饭碗、茶杯之类。但铁氧体属于精细陶瓷，它与日用陶瓷的主要差别在于成分，即二者的构成材料不同。日用陶瓷一般是由优质的黏土、石英和长石粉体，经混合烧结而成。与之相对，铁氧体以氧化铁为主成分，一般显示亚铁磁性。因此，作为与电力、电子相关的磁性材料而被广泛使用。而且，这种铁氧体按晶体结构不同，大体上可分为图5-11所示的三种类型：①尖晶石铁氧体；②六方晶铁氧体；③石榴石铁氧体。

首先讨论尖晶石铁氧体，其晶体结构的化学组成式是$A-Fe_2-O_4$（其中A代表Co、Mn、Ni、Cu等）。而且，这种铁氧体是最常见的铁氧体，其中典型的有Mn-Zn铁氧体、Ni-Zn铁氧体、Cu-Zn铁氧体等。其特征是磁导率高、电阻大，从而在磁性体中产生的涡流损失小。因此，这种铁氧体作为高频线圈及变压器中的磁芯材料，应用广泛。

接着讨论六方晶铁氧体。这种铁氧体具有磁铅酸盐（magneto-plumbite）型六方晶型晶体结构，化学组成式是$A-Fe_{12}-O_{19}$（其中A代表Sr、Ba等）。这种铁氧体又称为磁铅酸盐型铁氧体、M型铁氧体等，与前面谈到的尖晶石铁氧体相比，基于其六方结构，因此磁各向异性大，从而具有很大的矫顽力。代表性的六方晶铁氧体中，锶（Sr）铁氧体和钡（Ba）铁氧体作为永磁体已有广泛应用。

最后介绍石榴石铁氧体。这种铁氧体具有石榴石型结构，化学组成式是$RE-Fe_5-O_{12}$（其中RE代表稀土元素）。这种铁氧体也称为稀土类铁石榴石，其典型代表是YIG，即钇铁石榴石，属于软磁材料。

铁氧体的共性特征如下：
(1) 原料便宜，供应有保证；
(2) 类似于陶器，量轻耐用，耐蚀性、耐氧化性强；
(3) 制程简易，制作方便；
(4) 性似陶器，质地脆弱，容易破碎；
(5) 固态成型制品，加工困难。

本节重点
(1) 铁氧体按晶体结构主要分三种类型。
(2) 尖晶石铁氧体和石榴石铁氧体作为软磁材料而使用。
(3) 六方晶铁氧体中，锶（Sr）铁氧体、钡（Ba）铁氧体作为硬磁材料而使用。

图 5-12　铁氧体也属于陶瓷（ceramics）材料之列

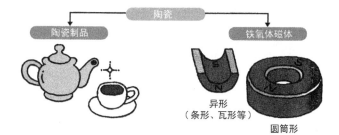

图 5-11　铁氧体磁性材料的分类

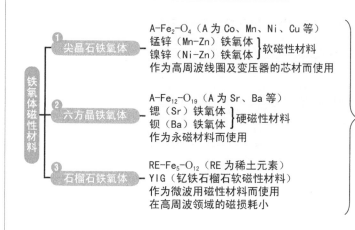

5.2.2 铁氧体永磁体与各向异性铝镍钴永磁体制作工艺的对比

——陶瓷是烧结成的，合金是冶炼成的

　　铁氧体永磁体的制作工艺（图5-13）主要是将氧化物粉末经过高温烧结，然后再粉碎，造粒，整粒后压缩成型，最后烧成。而各向异性铝镍钴永磁体的制作工艺（图5-14）是将金属材料熔炼，铸锭，固溶化后再冷却，经过一段时间后再稍稍加工即可。在流程步骤上，前者的生产只需用到粉体的加工装置（球磨机，砂磨机，以及高温预烧用回转窑等），后者的生产除需要高温外，还需在磁场中冷却处理，对设备的要求较高，需时也较长（时效处理需要在600℃下保持10h左右）。

　　在永磁体加工成型过程中，通过施加外部磁场，诱导磁各向异性，由此可以显著改善永磁体的矩形比特性。这是由于合金系永磁体在铁磁相析出过程中，通过施加外部磁场，可使新形成的铁磁相沿磁场方向呈细长状生长。

　　铝镍钴系合金制品基本上都由熔化铸造工艺抽取，熔化采用高频感应炉。在铝镍钴的铸造工艺中采用热流控制的定向凝固技术，可以得到晶粒轴沿[100]方向的柱状晶。其重要性在于，尽管是多晶体，但定向凝固可以诱导生长具有准单晶体特性的柱状晶，柱状晶的晶轴为立方点阵金属的[100]方向，该方向正好与立方点阵金属的易磁化轴相一致。

　　铸造后的铝镍钴系磁钢，经锻造，在1000~1300℃温度，经数十分钟固溶处理，使合金元素均匀化。经固溶处理后，形成单相固溶体（α）相。再从900℃急冷，对于铝镍钴-5来说，在磁感应强度0.1T以上的磁场中，从900℃以0.1~1.0℃/s的冷速冷却至800℃。对于铝镍钴-8来说，固溶处理后，800~810℃急冷，在磁感应强度0.1T以上的磁场中保持10min左右。经过上述磁场中的热处理，单相α固溶体会分解析出α_1（体心立方铁磁性相）和α_2（体心立方非磁性相），特别是由于外加磁场的存在，使直径400nm、长100nm左右的铁磁性相单磁畴微粒子沿磁场方向在非磁性α_2相中整齐排列。若再经600℃、10h的时效处理，两相的化学成分浓度差会进一步增加。

　　(1) 铁氧体永磁体制作按陶瓷制作工艺进行。

　　(2) 铝镍钴永磁体制作按合金冶炼工艺进行。

　　(3) 各向异性永磁体制作需要中间加一道磁场中处理工序。

图 5-13　铁氧体永磁体的制作工艺简图

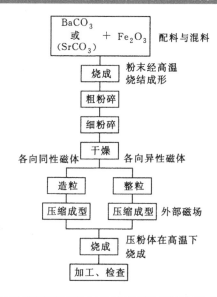

图 5-14　各向异性铝镍钴永磁体的制作工艺简图

5.2.3 铁氧体永磁体的制作工艺流程

——采用典型的精细陶瓷制作工艺

为了制作铁氧体永磁体，如图 5-15 所示，首先，将作为铁氧体的起始原料而使用的原材料粉体进行混合和分散①。下一步是预烧②，这是决定铁氧体磁特性的重要的一道工序，在该工序中，将按预先设定的晶粒尺寸、分布状态而制备的原材料粉体进行相互间的固相反应，由此获得锶（Sr）铁氧体晶体 $SrO \cdot 6Fe_2O_3$ 和钡（Ba）铁氧体 $BaO \cdot 6Fe_2O_3$。

接着是粉碎③，在这道工序中，将预烧工序得到的预烧粒子（具有多个磁畴且尺寸为 5～10μm 的铁氧体晶粒的集合体）经一次粉碎、二次粉碎进行微细化，直到获得尺寸为 1μm 程度的单磁畴粒子。此道工序与后续成型中的磁场取向及正烧（烧结）中晶体的致密化具有很大的相关性。

再下一步是将微粒子状的材料按干式工艺④-1 和湿式工艺④-2 两条工艺路线进行。其中，在④-1 的干式工艺中，将从二次粉碎机取出的与水混合的湿料，经干燥机干燥，成为粉末状，再与尼龙等黏结剂均匀混合备用。

而在④-2 的湿式工艺中，将从二次粉碎机取出与混合的湿料，经脱水机浓缩，再进一步由混炼机均匀炼合。

下面是成型工艺⑤。在这道工序中，要将由于干式工艺或湿式工艺调整好的材料制成所要求的制品形状，为此要采用预先制备的专用模具并在磁场中成型。

而后是正烧（烧结）工序⑥。在这道工序中，要将压制成型的坯料由自动机排列，藉由传送带输送到隧道式烧结炉中。随着坯料在炉内通过，单磁畴内的粒子发生再结晶，变为均匀的结晶组织。

最后还要进一步进行研削加工、清洗和干燥工序⑦。在此要对烧结体的尺寸偏差进行修正，对必要的部位进行精密加工等。

本节重点

（1）首先对原料进行混合和粉碎。

（2）接着进行配料、成型、烧结。

（3）最后应必要充磁。

图 5-15 铁氧体永磁体的制作工艺流程

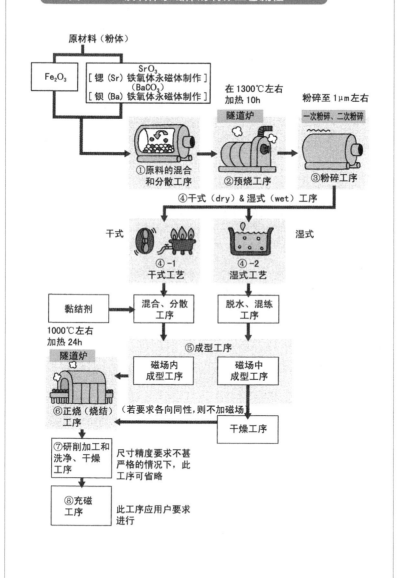

5.2.4　铁氧体中有各向同性和各向异性之分

——磁力强的各向异性，充磁自由的各向同性

即使是同样的磁性材料，如果对磁畴内的小磁体（电子自旋）进行磁场取向，则材料的磁特性会得到显著改善。这里所谓的磁场取向，是使磁性材料磁畴内的自旋，沿所定方向集中的成型过程。而且，在这种处理中要使用磁场成型机，以制作出具有方向性的磁性材料。

这种磁性材料的充磁要使用专用的充磁机，但由于充磁方向是由磁场取向决定的，因此，必须在与磁性材料的取向相同的方向上充磁。磁场取向可按图 5-16 所示的方法分类，但对于各向同性的情况，如图 5-17（a）所示，不需要进行磁场取向。因此，要进行磁场取向的，全部像图 5-17（b）所示的那样，都会变成各向异性的。而且，各向异性因磁性材料的固化方式不同而异，还可分为湿式各向异性和干式各向异性两大类。前者是在浆料状的粒子状态下，使结合方向趋向一致；后者是在粉末状态下，使结晶方向趋向一致。

而且，湿式各向异性是藉由水分使磁性材料的微粉末固化成型时实现的，在烧结过程中水分挥发，磁性材料逐渐密实，密度升高。其结果，可以制作出磁性很强的永磁体。与之相对，干式各向异性不是藉由水分，而是利用尼龙等黏结剂（结合剂），在微粉末固化成型时实现的。由于黏结剂一直存在，磁性材料本身不能完全密实，密度难以提高，从而磁特性较低。

如此说来，磁场取向的目的，是在磁畴范围内，使原子磁矩一致部分的自旋方向，按所定方向趋向一致。但在这种情况下，只是使磁畴内的自旋方向趋向统一，因此进行这种处理后的磁性材料，并不能直接变为永磁体。也就是说，在此阶段，从磁性材料的整体看，如图 5-18 给出的磁畴模式所示，其自旋方向仍然是各式各样的。为了制成完全的永磁体，在成型之后，还需要进行充磁处理。

<table>
<tr><td rowspan="3">本节重点</td><td>（1）何谓磁场取向？磁场取向的目的是什么？指出磁场取向的种类。</td></tr>
<tr><td>（2）湿式各向异性与干式各向异性的差异。</td></tr>
<tr><td>（3）磁场取向（充磁）要在专用的充磁机中进行。</td></tr>
</table>

图 5-16　磁场取向的种类

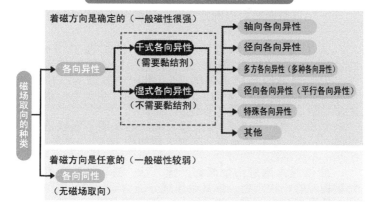

着磁方向是确定的（一般磁性很强）

磁场取向的种类

各向异性

干式各向异性（需要黏结剂）

湿式各向异性（不需要黏结剂）

→ 轴向各向异性
→ 径向各向异性
→ 多方各向异性（多种各向异性）
→ 径向各向异性（平行各向异性）
→ 特殊各向异性
→ 其他

着磁方向是任意的（一般磁性较弱）

各向同性（无磁场取向）

图 5-17　硬磁铁氧体的晶体结构（六方晶体）

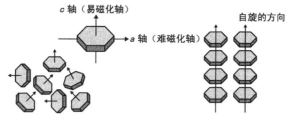

c 轴（易磁化轴）　　*a* 轴（难磁化轴）　　自旋的方向

(a) 各向同性的晶体排布（小六棱柱的自旋方向各不相同）

(b) 各向异性的晶体排布（小六棱柱的自旋方向完全一致）

图 5-18　磁畴的模式

（藉由磁场取向使自旋的方向集中）

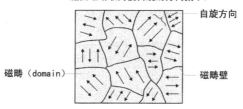

自旋方向

磁畴（domain）　　　　磁畴壁

5.3 永磁材料的进展

5.3.1 高矫顽力材料的进步

——由退磁曲线可以确定矫顽力和最大磁能积 $(BH)_{max}$

人们认识永磁体源于天然磁铁，即磁铁矿 (Fe_3O_4) 的发现。但它的磁力很弱，现在作为永磁体鲜有使用。另外，人工制造的实用永磁体是 20 世纪初登场的。特别是 1910~1930 年前后，KS 钢、MK 钢的出现，在实用永磁体的进步道路上迈出了坚实的步伐。

以此为始，随着时间推移，又先后发明了铝镍钴、铁氧体、钐钴、钕铁硼永磁，其最大磁能积 $(BH)_{max}$ 如图 5-19 所示，不断提高。

铝镍钴永磁是由金属铝、镍、钴、铁和其他微量金属元素构成的一种合金。依其金属成分的构成不同，磁性能不同，从而用途也不同（表 5-5）。铝镍钴永磁有两种不同的生产工艺：铸造和烧结。铸造工艺可以加工生产成不同的尺寸和形状，与铸造工艺相比，烧结产品局限于小的尺寸，毛坯产品尺寸公差小，而铸造制品的可加工性好。在永磁材料中，铸造铝镍钴永磁有着最低的可逆温度系数，工作温度可高达 500℃ 以上。

稀土永磁材料是指稀土金属和过渡金属形成的合金经一定的工艺制成的，先后经历了第一代（$RECo_5$）、第二代（RE_2TM_{17}）和第三代稀土永磁材料（NdFeB）。新的稀土过渡金属系和稀土铁氮系永磁合金材料正在开发研制中，有可能成为新一代稀土永磁合金。

从图 5-19 中可以看出，高矫顽力材料的最大磁能积随年代呈上升趋势。先后经历了钢系列、铁氧体、铝镍钴、钐钴、钕铁硼等几个阶段。开始进步的台阶宽、高差大，近年来台阶变窄且高差变小，这反映出技术进步的特征。

本节重点

(1) 介绍永磁材料的发展史。

(2) 简要说明各代永磁材料的优缺点。

(3) 永磁材料按制造方法可分为哪些类型。

图 5-19　高矫顽力材料的进步

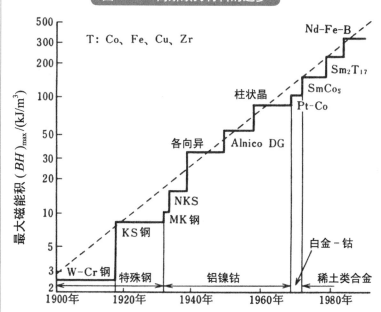

表 5-5　一些典型硬磁（永磁）材料的特性

材料	通用名称	$\mu_0 M_r$ /T	$\mu_0 H_c$ /T	$(BH)_{max}$ /(kJ/m^3)	T_c /℃
Fe-Co	钴-钢	1.07	0.02	6	887
Fe-Co-Al-Ni	铝钴镍-5	1.05	0.06	44	880
$BaFe_{12}O_{19}$	铁氧体	0.42	0.31	34	469
$SmCo_5$	Sm-Co	0.87	0.80	144	723
$Nd_2Fe_{14}B$	Nd-Fe-B	1.23	1.21	290~445	312

5.3.2 从最大磁能积 $(BH)_{max}$ 看永磁材料的进步

——由退磁曲线可以确定矫顽力和最大磁能积 $(BH)_{max}$

利用退磁曲线可以依据 $(BH)_{max}$ 确定各种永磁体的最佳形状。在最佳状态下，再根据能获得磁场的大小来比较不同永磁体的强度。即 $(BH)_{max}$ 最高的磁体，产生同样磁场所需的体积最小；而在相同体积下，$(BH)_{max}$ 最高的磁体获得的磁场最强。因此，$(BH)_{max}$ 是评价永磁体强度的最主要指标。图 5-20 是 20 世纪永磁材料的性能进展。

从永磁材料的发展历史来看，19 世纪末使用的碳钢，最大磁能积 $(BH)_{max}$ 不足 1MGOe（兆高奥）。经过一个世纪的发展，永磁体材料先后迈上十余个台阶，至今最大磁能积已达到 50MGOe（400kJ/m³）的水平。

铝镍钴系永磁合金是以铁、镍、铝为主要成分，还含有铜、钴、钛等元素的永磁合金。具有高剩磁和低温度系数、磁性稳定等特征，分铸造合金和粉末烧结合金两种。20 世纪 30 ~ 60 年代应用较多，现多用于仪表工业中制造磁电系仪表、流量计、微特电机、继电器等。

永磁铁氧体主要有钡铁氧体和锶铁氧体，其电阻率高、矫顽力大，能有效地应用在大气隙磁路中，特别适于作小型发电机和电动机的永磁体，但其最大磁能积较低，温度稳定性差，质地较脆、易碎，不耐冲击振动，不宜作测量仪表及有精密要求的磁性器件。

稀土永磁材料主要是稀土钴永磁材料和钕铁硼永磁材料。前者是稀土元素铈、镨、镧、钕等和钴形成的金属间化合物，其磁能积可达碳钢的 150 倍、铝镍钴永磁材料的 3 ~ 5 倍，永磁铁氧体的 8 ~ 10 倍，温度系数低，磁性稳定，矫顽力高达 800 kA/m。

本节重点

(1) 退磁曲线对于永磁材料的实际应用有何重要意义？

(2) 为什么 $(BH)_{max}$ 是评价永磁体强度的最主要指标？

(3) $(BH)_{max}$ 最高的磁体，产生同样磁场所需的体积最小。

图 5-20　按最大磁能积 $(BH)_{max}$ 计算，20 世纪永磁材料的性能进展

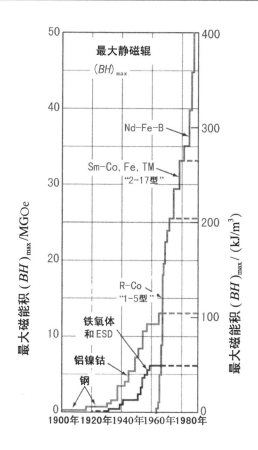

5.3.3　实用永磁体的种类及特性范围
——各类永磁体的优点和缺点相互折中（trade-off）存在

　　一般说来，所谓优良的永磁体是指对铁等吸引力很强的永磁体，但若略加详细地说明，应该是残留磁通密度、矫顽力均大，且温度特性优秀的永磁体。作为附加要求，还应具有坚固且优良的加工特征，尽量小型、轻量、低价格等优势。

　　但在现实中，完全满足这些条件的永磁体等是不存在的。例如，磁力强的往往温度相关性大，而磁力弱的往往价格低。结果是，优点和缺点往往相互折中（trade-off）存在。因此，实际在选择永磁体时，往往要根据使用目的、性能要求，价格因素等选择最合适的品种。

　　为此，需要对主要的永磁体及其性能有概要性的了解。图 5-21 汇总了主要永磁体的种类及其主要特征。如图 5-21 所示，无论哪种永磁体，都有长有短，并不存在全能冠军。

　　下面，再比较永磁体的强度指标，即按不同永磁体的剩余磁通密度 B_r 和矫顽力 H_c，如图 5-22 所示，将其范围表示在相应的坐标系中。图中所表示的永磁体特性，越靠近纵轴的上侧，剩余磁通密度 B_r 越大，而越靠近横轴的右侧，矫顽力 H_c 越高。

　　从图 5-22 中可以看出，Ne-Fe-B 永磁体的 B_r 和 H_c 都是很高的。而且，尽管铝镍钴永磁体的剩余磁通密度 B_r 很高，但矫顽力 H_c 却相当低。

　　由于矫顽力小的铝镍钴永磁体容易退磁，因此在制成磁回路（器件）之后必须对其充磁（后充磁）。与之相对，由于铁氧体永磁及稀土永磁（钕系永磁、钐系永磁）的矫顽力大，永磁体单体也可以先充磁。如此看来，根据图 5-21、图 5-22 给出的信息进行综合判断，对于一般应用来说，铁氧体永磁属于现有使用永磁体中性能价格比相当优秀的一类。

本节重点
（1）实用永磁体的种类与特征。
（2）实用永磁体的特性范围。
（3）钕铁硼永磁的磁通密度、矫顽力都为最大。

图 5-21　实用永磁体的种类及其主要特征

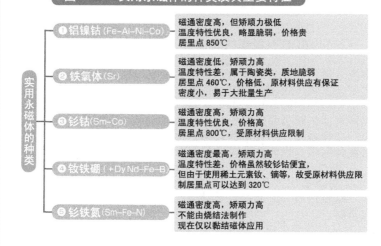

实用永磁体的种类

❶ 铝镍钴 (Fe-Al-Ni-Co)
磁通密度高，但矫顽力极低
温度特性优良，略显脆弱，价格贵
居里点 850℃

❷ 铁氧体 (Sr)
磁通密度低，矫顽力高
温度特性差，属于陶瓷类，质地脆弱
居里点 460℃，价格低，原材料供应有保证
密度小，易于大批量生产

❸ 钐钴 (Sm-Co)
磁通密度高，矫顽力高
温度特性优良，价格高
居里点 800℃，受原材料供应限制

❹ 钕铁硼 (+Dy Nd-Fe-B)
磁通密度最高，矫顽力高
温度特性差，价格虽然较钐钴便宜，
但由于使用稀土元素钕、镝等，故受原材料供应限
制居里点可以达到 320℃

❺ 钐铁氮 (Sm-Fe-N)
磁通密度高，矫顽力高
不能由烧结法制作
现在仅以黏结磁体应用

图 5-22　实用永磁体的特性范围

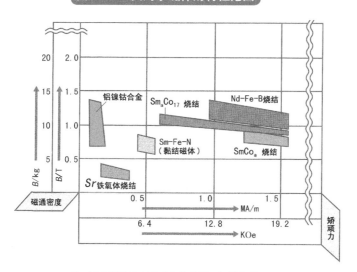

注：图中所示是大致的参数范围，仅供参考。

5.3.4　永磁体的历史变迁

——在过去的大约100年间永磁体获得飞跃性进展

Nd-Fe-B 具有极高的磁能积（大约 $400kJ/m^3$）和矫顽力（850kA/m），是 20 世纪永磁材料最重要的进展。而且，钐中混入氮的 Sm-Fe-N 合金的射出成型黏结磁体也已出现，从而进一步扩大了永磁体的应用范围。这种永磁体不仅具有与钐钴合金相匹敌的磁能积，由于是黏结磁体，既可用剪刀等剪断，又能弯曲甚至折叠。因此，一改传统永磁体易破损易断裂的缺点，在强振动、易跌落等环境下也可安心使用。由于质地柔软且富伸缩性，作为垫圈等橡胶永磁体也有广泛应用。

图 5-23 给出使用永磁体的历史变迁。结合图 5-19～图 5-22 可以看出，在不到 100 年的较短时期内，永磁材料获得了飞跃性进展，进而对电子设备的小型化、高性能化做出了巨大贡献。

从材料类型讲，铁氧体是陶瓷的一种，更像早期的陶器。因此质地脆弱，易破损断裂，具有陶瓷固有的缺点。但是，由于原材料价格低廉且供应有保证，且具有轻量、耐腐蚀性优良等诸多优点，直至今日仍有大量应用。顺便指出，1950 年飞利浦公司成功开发出的结晶磁各向异性大的钡铁氧体，仍然是今天大量使用的铁氧体永磁体的原型。

本节重点
(1) 按 $(BH)_{max}$ 从低到高介绍永磁体的历史变迁。
(2) 钕铁硼永磁的主要缺点是什么？如何克服？
(3) 调研永磁材料的最新进展。

图 5-23　永磁体的历史变迁

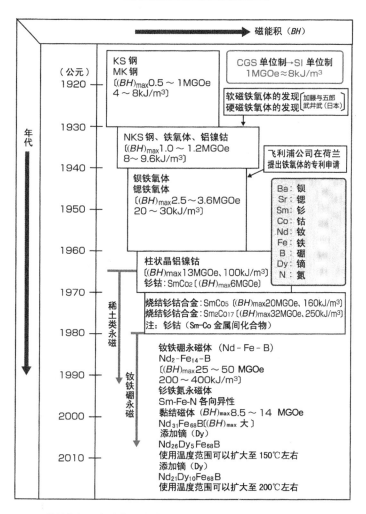

磁能积（*BH*）

（公元）
年代

KS 钢
MK 钢
[(*BH*)$_{max}$0.5 ～ 1MGOe
4 ～ 8kJ/m³]

CGS 单位制→SI 单位制
1MGOe≈8kJ/m³

软磁铁氧体的发现
硬磁铁氧体的发现 [加藤与五郎
武井武（日本）]

NKS 钢、铁氧体、铝镍钴
[(*BH*)$_{max}$1.0 ～ 1.2MGOe
8～ 9.6kJ/m³]

飞利浦公司在荷兰
提出铁氧体的专利申请

钡铁氧体
锶铁氧体
[(*BH*)$_{max}$2.5 ～ 3.6MGOe
20 ～ 30kJ/m³]

Ba：钡
Sr：锶
Sm：钐
Co：钴
Nd：钕
Fe：铁
B：硼
Dy：镝
N：氮

柱状晶铝镍钴
[(*BH*)max13MGOe、100kJ/m³]
钐钴：SmCo₂ [(*BH*)$_{max}$6MGOe]

烧结钐钴合金：SmCo₅ [(*BH*)max20MGOe、160kJ/m³]
烧结钐钴合金：Sm₂Co₁₇ [(*BH*)max32MGOe、250kJ/m³]
注：钐钴（Sm-Co 金属间化合物）

稀土类永磁

钕铁硼永磁

钕铁硼永磁体　（Nd－Fe－B）
Nd₂-Fe₁₄-B
[(*BH*)$_{max}$25 ～ 50 MGOe
200 ～ 400kJ/m³]
钐铁氮永磁体
Sm-Fe-N 各向异性
黏结磁体 (*BH*)max8.5 ～ 14 MGOe
Nd₃₁Fe₆₈B[(*BH*)max 大]
添加镝（Dy）
Nd₂₆Dy₅Fe₆₈B
使用温度范围可以扩大至 150℃左右
添加镝（Dy）
Nd₂₁Dy₁₀Fe₆₈B
使用温度范围可以扩大至 200℃左右

1920
1930
1940
1950
1960
1970
1980
1990
2000
2010

特性数据不在此范围的情况也是有的，图中的数据仅供参考

书角茶桌
生物体内存在着指南针?

地球上生息的所有生物,从远古起就世世代代在地球磁场(地球上分布的微弱的磁气能)中漫长而持续地生活。因此,会强烈而持久地受到地球磁场的影响。例如信鸽的归巢性,燕子、白天鹅等候鸟的季节迁移,鲑鱼、金枪鱼等的回游性,此外 P72 所述的走磁性细菌等,也都是其中的实例。

另外,也有些研究报告指出,我们人类也能对磁气能有所感知。例如,人的方向感就是。这种情况下,为了确认自己是否具有方向的感知性,在没有地图且不熟悉的土地上,可以按自己的方向感知向着各个方向走走看。

如果是没有方向感的人,往往会迷路,情况严重的人不能返回原来的场所。也就是说,这些人体内存在的传感器(磁指南针)出了故障。此外,在驾驶车辆时,经常迷路的人也属于此。

表5-6 靠磁体指南针指路导航的若干类生物

生物的分类	生物的种类
鱼 类	鲑鱼类、金枪鱼、鲣鱼类,其他回游鱼
鸟 类	鸽子、乌鸦、燕子、白天鹅,其他候鸟
昆 虫	蜂类,螳螂,斑蝶,其他昆虫
其 他	走磁性细菌,参照第4章的书角茶桌内容及图4-17

图5-24 生物体内存在着指南针的示意

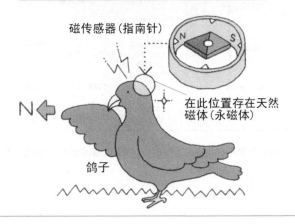

磁传感器(指南针)

N

在此位置存在天然磁体(永磁体)

鸽子

第6章

钕铁硼永磁材料

书角茶桌

　　　N 极和 S 极的边界究竟在哪里？

6.1 钕铁硼永磁磁性的来源

6.1.1 稀土元素在永磁材料中的作用和所占比例
——既需要高性能又要兼顾资源有保证

所谓稀土永磁，是指永磁材料中加入稀土类元素而制成的永磁体，其代表有钐钴（Sm_2Co_{17}）永磁、钕铁硼（$Nd_2Fe_{14}B$）永磁等。无论哪一种，$(BH)_{max}$ 都很高，具有一般铁氧体永磁所不具备的优良磁学特性。表1给出稀土元素及其在永磁材料中的作用。

图6-1表示不同稀土永磁中各元素所占比例。其中，1~5系钐钴永磁 $SmCo_5$(a) 的组成比为：钐36%，钴64%。与之相对，钕铁硼永磁 $Nd_2Fe_{14}B$(b) 组成比为：钕33%，铁66%，硼1%。

在此，首先对二者的原材料供应状态进行对比。钐和钴的产量都很少，供应紧缺。与之相对，以铁为主体的钕系永磁，原材料供应方面的问题要缓和些。

再与钐系永磁体的磁能积进行比较。1-5系永磁（$SmCo_5$）的 $(BH)_{max}$ 上限为 $200kJ/m^3$，2-17系永磁（Sm_2Co_{17}）的 $(BH)_{max}$ 上限为 $250kJ/m^3$，而钕系永磁（$Nd_2Fe_{14}B$）的 $(BH)_{max}$ 达 $400kJ/m^3$，有飞跃性的提高。

此外，作为新型磁性材料，还有 $Sm_2Fe_{17}N_{2.5}$ 及 $NdTiFe_{11}N_{0.8}$ 等所谓氮化物混入型稀土类永磁。但是，这些都会在500℃附近的高温下发生氮与铁的分解，因此不能采用1000℃以上的粉末烧结法制作。

本节重点
(1) 何谓稀土永磁？指出稀土永磁的代表性磁性材料。
(2) 举例说明稀土永磁的优缺点。
(3) 指出典型稀土永磁中各元素所占比例。

表 6-1　稀土元素及其在永磁材料中的作用

稀土元素的作用	元素名称	元素符号	原子序数	
稀土永磁的主原料 或辅助原料	铈	Ce	58	
	镨	Pr	59	
	钕	Nd	60	
	钐	Sm	62	
矫顽力的提高	铽	Tb	65	添加元素
	镝	Dy	66	
	钬	Ho	67	
	镱	Yb	70	
可逆温度系数的改善	钆	Gd	64	
	镝	Dy	66	
	铒	Er	68	

图 6-1　不同稀土永磁中各元素所占比例

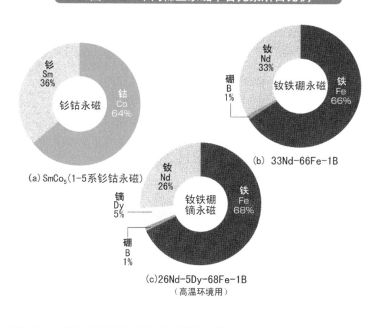

(a) SmCo$_5$（1-5系钐钴永磁）

(b) 33Nd-66Fe-1B

(c) 26Nd-5Dy-68Fe-1B
（高温环境用）

6.1.2　稀土元素 4f 轨道以外的电子壳层排列与其磁性的关系

——稀土元素的磁性主要与其未填满的 4f 壳层有关

　　表 6-2 中列出一些稀土元素 4f 轨道以外的电子壳层排列以及与之相关的磁性及应用。从 1s 到 4d（$1s^2 2s^2 2p^6 3s^2 3p^2 3d^{10} 4s^2 4p^6 4d^{10}$），电子轨道完全被外层所屏蔽，从 4f 轨道起，其电子壳层结构为 $4f^n 5s^2 5p^6 5d^m 6s^2$（其中，n 为 0～14 的整数，m 取 0 或 1）。在稀土类金属中，已确认表 6-2 中所列前 5 个元素的反铁磁性，其 4f 轨道以外的电子壳层排布如表 6-2 中所示。

　　在从 Ce 到 Tm 的元素中，原子序数为 61 的 Pm（钷）的电子磁性排布尚不清楚。从 Ce 到 Eu 习惯称之为轻稀土元素，一般呈现反铁磁性。但作为稀土永磁体的合金元素，却显示出磁晶各向异性很强的铁磁性。

　　原子序数大于 64 的称为重稀土元素，其在低温时显示铁磁性，升温时经过螺旋磁性（显示出反铁磁性特性）的结构，在 Néel 温度转变为顺磁性，在磁性合金中通过调整这些重稀土元素，可以实现不同的磁性转变，用于光磁记录介质，具有不可替代的功能。

　　在常温下稀土金属均为顺磁物质，其中 La、Yb、Lu 的磁矩 < 1。随着温度的降低，它们会发生由顺磁性变为铁磁性或反铁磁性的有序变化。有序状态的自旋不是一简单的平行或反平行方式取向，而以蜷线型或螺旋型结构取向。一些重稀土元素（如 Tb、Dy、Ho、Er、Tm 等）在较低温度下由反铁磁性转变为铁磁性，而 Gd 则是由顺磁性直接转变为铁磁性。

　　除了铁磁性元素 Fe、Co、Ni 之外，作为另一类磁性材料，一些稀土元素适合以合金组元与其他组元构成重要的磁性合金。其中，轻稀土元素可以构成永磁材料，重稀土元素可以构成磁记录介质。

本节重点

（1）何谓轻稀土和重稀土元素？按原子序数写出元素名称和元素符号。
（2）说明稀土元素的磁性之源与铁、钴、镍的有何差别？
（3）轻稀土元素是永磁体的重要元素，重稀土元素是磁记录介质的重要元素。

表6-2 一些稀土元素4f轨道以外的电子壳层排列

添加元素	正效果	原因	负效果	原因
Co代换Fe	T_c↑, $α_{B_r}$↓; 抗蚀性↑	Co的T_c比Fe的高；新的Nd_3Co晶界相代替了原来易蚀的富Nd相	B_r↓, H_{cJ}↓	Co的M_s比Fe的低；新的晶界相Nd_3Co或$Nd(Fe,Co)_2$是软磁性的，不起磁去耦作用
Dy, Tb 代换 Nd	H_{cJ}↑	Dy起主相晶粒细化作用；$Dy_2Fe_{14}B$的H_a比$Nd_2Fe_{14}B$的高	B_r↓, $(BH)_{max}$↓	Dy的原子磁矩比Fe的高，但与Fe呈亚铁磁性耦合，使主相M_s下降
晶界改进元素 M1(Cu, Al, Ga, Sn, Ge, Zn)	H_{cJ}↑; 抗蚀性↑	形成非磁性晶界相，使主相磁去耦，同时抑制主相晶粒长大；而且代替原来易蚀的富Nd相	B_r↓, $(BH)_{max}$↓	非磁性元素 M1 局部溶于主相代替 Fe，使主相M_s下降
难熔元素 M2（Nb, Mo, V, W, Cr, Zr, Ti）	H_{cJ}↑; 抗蚀性↑	抑制软磁性α-Fe, $Nd(Fe, Co)_2$相生成，从而增强磁去耦，同时抑制主相晶粒长大；新的硼化物晶界相代替原来易蚀的富Nd相	B_r↓, $(BH)_{max}$↓	在晶界或晶粒内生成非磁性硼化物相，使主相体积分数下降

6.1.3　一个 $Nd_2Fe_{14}B$ 晶胞内的原子排布
——具有很强的单轴磁晶各向异性

各类 Nd-Fe-B 磁体的主要成分是硬磁性的 $Nd_2Fe_{14}B$ 相，它的内禀磁性决定了 Nd-Fe-B 磁体的硬磁性质。

图 6-2 表示一个 $Nd_2Fe_{14}B$ 晶胞内的原子排布。$Nd_2Fe_{14}B$ 相具有正方点阵，空间群 P42/pm，晶格常数 $a=0.882nm$，$b=1.224nm$，具有单轴各向异性。其晶体结构如图 6-2 所示。每个晶胞含有 68 个原子。它们分别在 9 个晶位上：Nd 原子占据 ($4f$，$4g$) 两个晶位，Fe 原子占据 ($16k_1$，$16k_2$，$8j_1$，$8j_2$，$4e$，$4c$) 六个晶位，B 原子占据 ($4g$) 一个晶位。其中，$8j_2$ 晶位上的 Fe 原子处于其他 Fe 原子组成的六棱锥的顶点，其最近邻 Fe 原子数最多，对磁性有很大影响。$4e$ 和 $16k_1$ 晶位上的 Fe 原子组成三棱柱，B 原子大概处于棱柱的中央，通过棱柱的三个侧面与最近邻的 3 个 Nd 原子相连，这个三棱柱使 Nd、Fe、B 三种原子组成晶格的骨架，具有连接 Nd-B 原子层上下方 Fe 原子的作用。这样的微结构致使 $Nd_2Fe_{14}B$ 具有很强的单轴磁晶各向异性。

$Nd_2Fe_{14}B$ 晶粒的饱和磁化强度主要由 Fe 原子磁矩决定。Nd 原子是轻稀土原子，其磁矩与 Fe 原子磁矩平行取向，属铁磁性耦合，对饱和磁化强度也有贡献。Fe 原子磁矩最大 $2.80\mu_B$，最小 $1.95\mu_B$，平均 $2.10\mu_B$。Nd 原子磁矩在平行于 c 轴方向的投影为 $2.30\mu_B$。

本节重点

(1) 了解一个 $Nd_2Fe_{14}B$ 晶胞内的原子排布。
(2) 具有正方点阵的 $Nd_2Fe_{14}B$ 相具有很强的单轴磁晶各向异性。
(3) $Nd_2Fe_{14}B$ 晶粒的饱和磁化强度主要由 Fe 原子磁矩决定。

图 6-2　一个 $Nd_2Fe_{14}B$ 晶胞内的原子排布

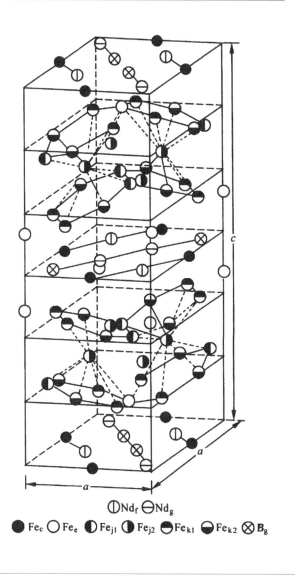

$\bigcirc Nd_f$　$\bigcirc Nd_g$

● Fe_c　○ Fe_e　◐ Fe_{j1}　◑ Fe_{j2}　⊖ Fe_{k1}　◓ Fe_{k2}　⊗ **B_g**

6.2 钕铁硼永磁体的制作
6.2.1 钕铁硼永磁体及其制作工艺

1. 世界领先的永磁体研究

将线圈绕于软磁性材料，流过直流电流，则构成电磁铁，但是电流一旦切断，则外部磁场不再存在。即使切断电流，强磁场依然存留的则是永磁体。从磁化曲线看，具有大的残留磁通密度（$B_r=$ 残留磁化强度 J_r）和即使有反磁场作用仍保持响应力，即具有大的矫顽力（H_{cJ}）为其特征。永磁体的强度，可以由该反磁场下（第二象限）曲线的伸出方式，即由其决定的 B（磁通）与 H（磁场）乘积的最大值 [最大磁能积，$(BH)_{max}$] 来表示（图6-3）。

自1917年日本东北大学的本多光太郎发明KS钢（Fe-Co-W-Cr）以来，东京大学三岛德七的MK合金（Fe-Ni-Al）、东京工业大学武井武的OP（铁氧体）永磁体在日本相继发明，永磁体的磁能积不断上升。因此，至今在磁性、永磁体领域的研究开发仍处于世界领先地位（图6-4）。

2. 小型且强力的永磁体

第二次世界大战之后，稀土元素的提取分离技术获得工业应用，各类稀土永磁体相继发明。1966年在美国发明钐钴（Sm-Co）永磁体，1982年在日本发明钕（Nd）永磁体，最大磁能积获得飞跃性提高。这些稀土永磁体的磁性基本上源于由铁（Fe）、钴（Co）等第四周期的过渡元素（3d轨道电子的自旋磁性）和稀土元素（4f轨道电子的磁性）组合而成的特定的金属间化合物（$Nd_2Fe_{14}B$、$SmCo_5$、Sm_2Co_{17}、$Sm_2Fe_{17}N_x$）。

3. Nd永磁体通过粉末在磁场中成型，经液相烧结制作

Nd永磁体的制造方法，首先将原料进行真空熔炼，使熔液流在单辊上，经急冷制成Nd-Fe-B的合金。使其吸氢破碎，进一步机械粉碎制成单磁畴粉末（由大小约3μm，一个磁畴所组成的粉末）。在磁场中使这种粉末在一定取向的同时，加压成型，接着在高温下烧结并进行时效处理（图6-5）。烧结时，熔点低的富Nd相熔融，作为黏结剂将晶体取向一致的晶粒强固地结合在一起（图6-6）。再将其研磨，进行表面处理。在这种状态下并不具有磁力，如果通过大电流线圈进行充磁，则成为永磁体。

本节重点

（1）B-H（J-H）曲线在第二象限伸出的方式表示永磁体的强度。

（2）由永磁体的退磁曲线可以确定其最大磁能积 $(BH)_{max}$。

（3）Nd永磁体通过粉末在磁场中成型，经液相烧结制作。

图6-3　关于永磁体

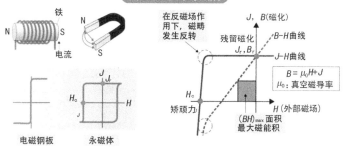

在反磁场作用下，磁畴发生反转

残留磁化
$J_r，B_r$

$B-H$曲线
$J-H$曲线

$J，B$(磁化)

$B = \mu_0 H + J$
μ_0：真空磁导率

矫顽力 H_c

$(BH)_{max}$ 面积
最大磁能积

H(外部磁场)

电磁钢板　　永磁体

图6-4　永磁体最大磁能积的进展

$B-H(J-H)$曲线在第二象限伸出的方式表示永磁体的强度。肩膀平直表示难以发生磁畴的反转，即为强力永磁体。顺便指出，自从强力永磁体出现后，即使不采用马蹄形，磁力也不弱。

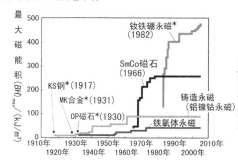

最大磁能积 $(BH)_{max}$/(kJ/m³)

钕铁硼永磁*(1982)

SmCo磁石(1966)

KS钢*(1917)

MK合金*(1931)

OP磁石*(1930)

铸造永磁(铝镍钴永磁)

铁氧体永磁

1910年　1920年　1930年　1940年　1950年　1960年　1970年　1980年　1990年　2000年　2010年

自KS钢的发明开始，人造永磁体的最大磁能积不断提高，而钕铁硼永磁的出现，更使之获得飞跃性提高。在小型电子设备及电动汽车等领域获得广泛应用。图中标记*者为日本发明。

图6-5　钕铁硼烧结磁体的制造方法

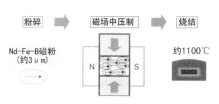

粉碎　➡　磁场中压制　➡　烧结

Nd-Fe-B磁粉(约3 μm)

约1100℃

图6-6　烧结后的磁畴模样

C轴方向

[烧结后形成同一方向取向的$Nd_2Fe_{14}B$晶粒(晶粒尺寸5~7 μm)，条纹状浓淡表示反磁畴的模样]

　　Fe-Nd-B的合金经熔融、凝固、粉粹成单晶粉末后，在磁场中加压进行粉末成型，使单晶方向定向排列，再经液相烧结、时效处理成为坯料。组装后经充磁作为永磁体。

6.2.2 Nd-Fe-B系烧结磁体的制作工艺及 金相组织

——烧结永磁体和超急冷（快淬）永磁体

　　按制造方法不同，Nd-Fe-B永磁体分为两大类：一类是烧结永磁体，另一类是超急冷永磁体。前者多为块体状，主要满足高矫顽力、高磁能积的要求；后者用作黏结永磁体，主要用于电子、电气设备的小型化应用领域。制造Nd-Fe-B烧结永磁体的工艺流程如图6-7所示。Nd-Fe-B系烧结磁体制作的一般工艺流程为：合金熔炼→凝固→粗粉碎→细粉碎（平均粒径数微米）→磁场中压缩成型（实现磁各向异性）→烧结（真空或氩气氛，约1100℃）→时效热处理（600℃左右）→表面处理。

　　烧结磁体典型的化学成分式为$Nd_{15}Fe_{77}B_8$，其金相组织示意如图6-8所示，$Nd_2Fe_{14}B$（称为T_1相的铁磁性相）为主相，非磁性的$Nd_{1.1}Fe_4B_4$相（称为T_2相）及富Nd相围在主相的晶粒边界。在实际应用中，为了提高该系列的热稳定性，往往添加适量的Dy置换Nd；为了改善其另一个缺点，即Nd相的耐蚀性很差，往往采取用Co置换部分Fe等方法。

　　Nd-Fe-B分为磁性相（T_1相）和非磁性相（T_2相），磁性相又称富Nd相。前者的成分为$Nd_2Fe_{14}B$，后者成分为$Nd_{1.1}Fe_4B_4$。T_1相、T_2相的晶粒的典型尺寸约10μm。

本节重点

（1）按制作方法，Nd-Fe-B有烧结永磁体和超急冷（快淬）永磁体。
（2）烧结永磁体主要满足高矫顽力、高磁能积的要求。
（3）$Nd_{15}Fe_{77}B_8$烧结永磁体的金相组织。

图 6-7　Nd-Fe-B 系烧结磁体的制作工艺流程

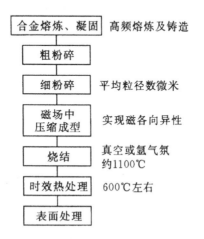

合金熔炼、凝固　高频熔炼及铸造

粗粉碎

细粉碎　平均粒径数微米

磁场中
压缩成型　实现磁各向异性

烧结　真空或氩气氛
约1100℃

时效热处理　600℃左右

表面处理

图 6-8　$Nd_{15}Fe_{77}B_8$ 烧结磁体的金相组织示意

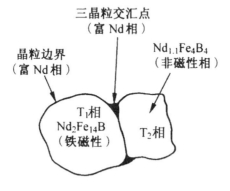

三晶粒交汇点
（富 Nd 相）

晶粒边界
（富 Nd 相）

$Nd_{1.1}Fe_4B_4$
（非磁性相）

T_1相
$Nd_2Fe_{14}B$
（铁磁性）

T_2相

6.2.3 Nd-Fe-B 系快淬磁体的
制作工艺及金相组织
—— 制粉是极其关键的一环

　　制备高性能的 Nd-Fe-B 烧结和黏结磁体，制粉是极其关键的一个环节。磁粉的最终性能与粉末的微观组织形貌、晶粒的大小、晶粒的完整性、杂质含量、氧含量密切相关；从磁体成型来看，磁粉的形状、粒度及粒度分布、松装密度、压坯密度、理论密度、流动性、取向度、磁性能等也会影响到磁体的性能。而这两方面的参数都由制粉的方法来决定。Nd-Fe-B 烧结磁体要求磁粉是取向良好的单畴粉末，即粉末粒度小、分布窄、呈单晶体、具有较好的球形度、颗粒表面缺陷较少、氧的质量分数不高于 1500×10^{-6}，吸附气体量和夹杂尽可能少。黏结磁体则要求粉末具有良好的稳定性、表面完整、具有高的剩磁、良好的流动性和恰当的粉末配比以获得高的粉末／黏结剂充填率，对于各向异性磁粉要求具有良好的取向性。

　　Nd-Fe-B 制粉方法较多，但归结起来都是将原料各组分通过熔炼方法制得具有高度磁晶各向异性的 Nd-Fe-B 金属间化合物，再经过物理或者物理化学方法破碎成合适粒度的粉末。Nd-Fe-B 制粉技术的革新，沿着运用 $Nd_2Fe_{14}B$ 金属间化合物的硬脆的物理性质（普通盘磨、气流磨），到引入快速凝固技术、稀土金属的氢化反应技术这一方向发展。

　　黏结 Nd-Fe-B 磁粉的制备主要有熔体快淬法（MQ）、气喷雾法（GM）、机械合金化法（MA）和氢处理法（HDDR），其中以 MQ 法和 HDDR 法的使用最为广泛。以 HDDR 法为例，将合金片放入氢碎装置中，抽真空，加热到 $700 \sim 800℃$，保持一段时间，便发生吸氢歧化反应：

$$Nd_2Fe_{14}B + 2H_2 \rightleftharpoons 2NdH_2 + 12Fe + Fe_2B \qquad (6\text{-}1)$$

　　若此时将氢气抽出，发生以下反应：

$$2NdH_2 + 12Fe + Fe_2B \rightleftharpoons Nd_2Fe_{14}B + 2H_2 \uparrow \qquad (6\text{-}2)$$

　　由此便又合成为具有较小晶粒的 $Nd_2Fe_{14}B$ 粉末，这样就达到将铸片粉碎的目的。

　　超急冷法处理下的 $Nd_2Fe_{14}B$ 晶粒平均粒径约为 50nm，烧结法处理下的 $Nd_2Fe_{14}B$ 晶粒平均粒径约 $10\mu m$，HDDR 处理法处理下的 $Nd_2Fe_{14}B$ 晶粒平均粒径约 $0.3\mu m$。

　　Nd-Fe-B 永磁体微细组织与磁粉制作方法的关系如图6-9所示。

本节重点	(1) 超急冷（快淬）永磁用作黏结永磁体。 (2) Nd-Fe-B 烧结磁体、黏结磁体分别对磁粉有哪些要求？ (3) 对比超急冷法、烧结法、HDDR 处理法制作的 Nd-Fe-B 永磁体的微观组织。

图 6-9　Nd-Fe-B 永磁体微细组织与磁粉制作方法的关系

Nd$_2$Fe$_{14}$B 晶粒

粗线为富 Nd 相晶粒边界

Nd$_2$Fe$_{14}$B 晶粒

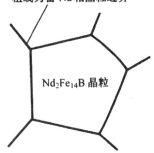

粗线为非晶态相晶粒边界

(a)超急冷法平均粒径：约50nm

(b)烧结法平均粒径：约10μm

无晶界相

Nd$_2$Fe$_{14}$B 晶粒

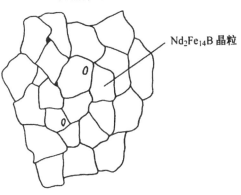

(c)HDDR处理法平均粒径：约0.3μm

6.3 钕铁硼永磁体的改进

6.3.1 $Nd_2Fe_{14}B$ 单晶体的各向异性磁场与温度的关系

——各向异性磁场要大，与温度的相关性要小

物质结构各层次的相互作用与材料磁性能密切相关，近邻原子间的交换相互作用是物质磁性的来源。稀土 (RE)- 过渡金属 (TM) 化合物中，RE 亚晶格与 TM 亚晶格之间的交换相互作用影响各向异性和磁化行为。晶粒之间的相互作用（包括长程静磁相互作用和近邻晶粒的交换耦合相互作用）影响磁体的矫顽力、剩磁和磁能积等宏观磁性。因此，凡是影响 $Nd_2Fe_{14}B$ 晶粒中 RE-TM 两种亚晶格之间的相互作用以及晶粒之间相互作用的因素都会对 Nd-Fe-B 磁体的性能产生影响。

研究表明，要达到高性能永磁体条件有三个：①饱和磁化强度尽可能大；②矫顽力大；③居里温度 T_c 应远高于室温。过渡元素 3d 电子具有大的磁矩，并行排列，因此具有高的 T_c，可满足①、③条件，但由于 Fe、Co 磁晶各向异性小，所以提高矫顽力困难。研究表明：要提高矫顽力，必须有大的各向异性磁场 H_a，也就是具有大的磁各向异性常数 K_1。目前作为最强的 Nd-Fe-B 永磁体的主要成分为 $Nd_2Fe_{14}B$，相应地，其他稀土类成分为 $RE_2Fe_{14}B$，其中 RE=Y、Gd、Sm、Dy、Nd 等。日本东北大学加藤宏朗详细测定了 $RE_2Fe_{14}B$ 在室温及 4.2K 下的磁化曲线，结果表明：$Y_2Fe_{14}B$，$Gd_2Fe_{14}B$ 的磁化曲线相近。这就说明了稀土元素在永磁材料中起到了提高矫顽力、改善可逆温度系数的重要作用。

$RE_2Fe_{14}B$ 单晶体的各向异性磁场与温度的关系如图 6-10 所示，从中可以定性地了解 Dy 和 Tb 等重稀土元素代换 Nd 对内禀特性产生的效果。

本节重点

(1) RE 与 TM 亚晶格之间的交换相互作用影响磁各向异性和磁化行为。

(2) 晶粒之间的相互作用影响磁体的矫顽力、剩磁和磁能积等。

(3) 要达到高性能永磁体需要满足哪些条件？

图 6-10　RE$_2$Fe$_{14}$B 单晶体的各向异性磁场与温度的关系

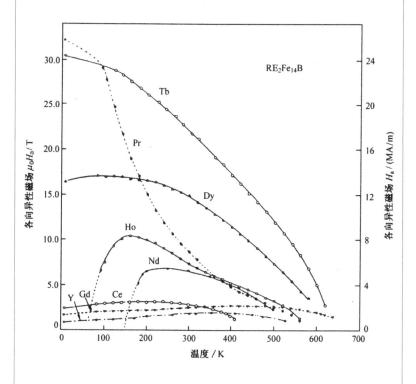

6.3.2 Nd-Fe-B 永磁体中各种添加元素所起的作用及其原因

——添加元素中有代换元素和掺杂元素

　　添加元素既可影响主相的内禀磁性，又可影响磁体的微结构，可望提高磁体的 B_r、H_{cJ}、T_c 等。添加元素可分为以下两类。

　　（1）代换元素。其主要作用是改变主相的内禀磁性，其中又有两种：①过渡元素 Co 代换主相中的 Fe；②重稀土元素 Dy 和 Tb 代换主相中的 Nd。

　　（2）掺杂元素。其中也有两种：①晶界改变元素 M1（Cu、Al、Ga、Sn、Ge、Zn），它们在主相中有一定的溶解度，可局部溶于主相代换 Fe，主要作用是形成非磁性的 Nd-M1 或 Nd-Fe-M1 晶界相 [NbCu 或 NbCu$_2$，Nd$_6$Fe$_{13}$M1（M1=Al、Ga、Cu、δ 相），Nd$_3$（Fe，Ga），Nd$_5$（Fe，Ga）$_3$]；②难溶元素 M2（Nb、Mo、V、W、Cr、Ti）。它们在主相中的溶解度极低，因此，以非磁性硼化物 M2-B 相（TiB$_2$、ZrB$_2$）析出，或者形成非磁性硼化物 M2-Fe-B 晶界相（NdFeB、WFeB、V$_2$FeB$_2$、Mo$_2$FeB$_2$）。

　　表 6-3 表示 Nd-Fe-B 永磁体各种添加元素所起的作用及其原因。

　　添加 Dy 可以改善磁体的微观组织，提高阳极过电位，有利于矫顽力、耐蚀性能提高。

　　添加 Zr，可以降低钕铁硼磁体对烧结温度的敏感性，提高磁体的耐烧结温度，并且不发生晶粒的异常长大。复合添加 Zr 和 Nb，克服了烧结炉内温度场分布不均匀引起的磁体性能稳定性差的问题，最终可制备高磁能积且性能稳定的磁体。

本节重点

（1）代换元素的作用是改变主相的内禀磁性。

（2）掺杂元素包括晶界改变元素 M1 和难熔元素 M2。

表6-3 Nd-Fe-B永磁体各种添加元素所起的作用及其原因

添加元素	正效果	原因	负效果	原因
Co代替Fe	T_c↑, α_{B_r}↓; 抗蚀性↑	Co的T_c比Fe的高；新的Nd₃Co晶界相代替了原来易蚀的富Nd相	B_r↓, H_{cJ}↓	Co的M_s比Fe的低；新的晶界相Nd₃Co或Nd(Fe,Co)₂是软磁性的，不起磁去耦作用
Dy、Tb代换Nd	H_{cJ}↑	Dy起主相晶粒细化作用；Dy₂Fe₁₄B的H_a比Nd₂Fe₁₄B的高	B_r↓, $(BH)_{max}$↓	Dy的原子磁矩比Fe的高，但与Fe呈亚铁磁性耦合，使主相M_s下降
晶界改进元素 M1(Cu、Al、Ga、Sn、Ge、Zn)	H_{cJ}↑; 抗蚀性↑	形成非磁性晶界相，使主相磁去耦，同时抑制还原主相晶粒长大；而且代替原来易蚀的富Nd相	B_r↓, $(BH)_{max}$↓	非磁性元素M1局部溶于主相晶粒代替Fe，使主相M_s下降
难熔元素 M2（Nb、Mo、V、W、Cr、Zr、Ti）	H_{cJ}↑; 抗蚀性↑	抑制软磁性α-Fe,Nd(Fe,Co)₂相生成，从而增强磁去耦，同时抑制硼的主相晶粒长大；新的硼化物晶界相代替原来易蚀的富Nd相	B_r↓, $(BH)_{max}$↓	在晶界或晶粒内生成非磁性硼化物相，使主相体积分数下降

6.3.3 耐热 Nd-Fe-B 系永磁体

1. 为了提高耐热性, 需要添加 Dy（镝）

钕（Nd）永磁体大的磁能积, 源于 $Nd_2Fe_{14}B$ 单晶（正方晶系）的高饱和磁化强度（J_S）和大的磁晶各向异性（图 6-11）。前者主要是由于铁, 后者是由于 Nd 的作用。所谓磁晶各向异性, 是指除了易磁化轴（c 轴）之外的方向难以被磁化的性质。在消磁状态, 这种晶体仅由相当于 c 轴方向呈正负相反方向的磁畴构成, 而一旦充磁, 则变成仅沿单方向的磁畴。在使用时, 即使施加反磁场, 磁畴也不易反转（图 6-12）。

钕永磁体的大敌是温度, 由于居里温度低（310℃）, 80℃以上便容易发生反磁畴, 将失去作为永磁体的特性。对于电动汽车用马达、发电机来说, 为了能提高耐热（由于发热导致的温度上升）性, 需要添加能进一步提高磁晶各向异性的 Dy（镝）, Dy 的添加量一般为 5% ~ 10%, 用于置换 Nd, 由此可以提高矫顽力, 使耐热性提高至 200℃。

2. Nd 在地壳的存在量多, 而 Dy 资源少, 且仅分布在个别地区

为了了解 Dy 为何物, 让我们再一次介绍稀土（rare earth, RE）元素。稀土元素包括元素周期表中ⅢB族的钪（Sc）、钇（Y）以及镧系, 共计 17 种元素, 它们既不"稀", 也不"土", 地壳中的存在量与锡（Sn）的 2.5×10^{-6} 相比, 属于存在量较多的元素（图 6-13）。以前美国等各地的矿山等多有开采, 但由于价格等原因, 现在 96% 以上都依赖于中国的开采。

作为矿石原料的 Nd, 若肯花价钱, 世界各地均可产出, 但是 Dy 及 Tb（铽）只能在中国南方的离子吸附矿床中产出。为了消除这种对于资源偏在的依赖, 世界各地都在进行 Dy、Tb 资源的勘探开发。

3. 在易发生反磁畴的场所使 Dy 浓化, 可以节约 Dy 的添加量

面对资源紧缺问题, 人们正在设法消减钕永磁体中的 Dy 使用量。由于易发生反磁畴的位置往往是制品表面及晶界附近, 因此, 可以采用仅在这些位置使 Dy 浓化的方法。例如, 通过对原料粉的前处理, 仅在晶界附近增加 Dy, 以及烧结后涂覆 Dy 化合物, 而后使其热扩散的方法等, 都可以在减少 Dy 使用量的同时, 达到同样的效果。这些方法都已经取得实际效果。

本节重点	(1) 添加 Dy 置换 Nd, 既可以提高矫顽力又可使耐热性提高至 200℃。
	(2) 现在 96% 以上的稀土都依赖于中国的开采。
	(3) 如何在减少 Dy 使用量的同时, 达到同样的效果?

图6-11 高磁各向异性永磁体的关键点

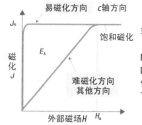

若磁各向异性（E_A的面积）大，则反磁畴（磁化反转）难以发生。以此面积做比较，$Dy_2Fe_{14}B$比$Nd_2Fe_{14}B$的大，因此，通过添加Dy使矫顽力（H_{cJ}）上升，可使耐热性提高。但是，Dy的添加会使饱和磁化强度（J_s）下降，因此，对于常温用途不宜添加。

图6-12 钕铁硼永磁中的磁畴及其充磁后磁力的发展

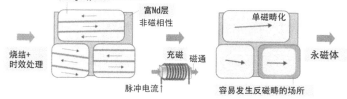

烧结后，铁磁性相（$Nd_2Fe_{14}B$）被非磁性相所覆盖。对其以脉冲电流充磁，则磁畴向着同一方向取向，成为永磁体。在耐热性永磁体中，或通过增加Dy的添加量，或使Dy在晶界扩散，可抑制高温下使用时引起的反磁畴的发生。

图6-13 主要稀土元素的地壳存在度及用途

元素种类	轻稀土元素							重稀土元素					参考元素	
元素符号	Y	La	Ce	Pr	Nd	Sm	Eu	Gd	Tb	Dy	Ho	Er	Ag	Sn
原子序数	39	57	58	59	60	62	63	64	65	66	67	68	47	50
地壳存在度/10^{-6}	20	16	33	3.9	16	3.5	1.1	3.3	0.6	3.7	0.8	2.2	0.08	2.5
磁性用途			○	○	○	○	○	○	○	○				
光学用途	○	○	○					○						

矿石的组成实例

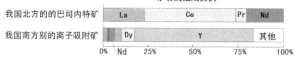

稀土元素除了用于永磁体外，在荧光剂、研磨剂、磁性薄膜等领域都有广泛应用。Nd的存在量多，但用于提高Nd永磁体的Dy和Tb的存在量少，仅在我国南方的离子吸附矿床中存在，因此资源十分紧缺

6.3.4 提高 Nd-Fe-B 永磁体矫顽力的方法

——藉由晶粒细化和界面控制提高矫顽力

Nd-Fe-B 磁体的矫顽力远低于 $Nd_2Fe_{14}B$ 硬磁性相各向异性场的理论值，是由于具体的微结构及其缺陷造成的。晶粒微结构缺陷和晶粒之间的相互作用是限制 Nd-Fe-B 磁体性能的主要控制因素。近几年来，就减小晶粒结构缺陷和限制晶粒相互作用方面，包括添加替代和掺杂元素，改进和完善工艺过程，提高硬磁性相的内禀磁性，使晶粒细化，表面光洁，粒度均匀，减少缺陷，用非磁性层充分隔离磁性晶粒界面，从而使磁体的硬磁性能及其温度稳定有了很大提高。

Nd-Fe-B 永磁体的矫顽力一般认为是受反磁畴的形核场控制的。因此，提高矫顽力的方法（图6-14）主要有：①晶粒细化，在制备粉体时，使粉料颗粒均匀地达到单畴粒子状态，在单畴状态下，磁矩不会转动，反磁畴难以发生；②晶界控制，杂乱的界面有利于在晶粒中出现反磁畴，通过界面控制获得较为规则、平滑的晶界致使反磁畴不易发生。

图 6–14 提高稀土永磁材料矫顽力的方法

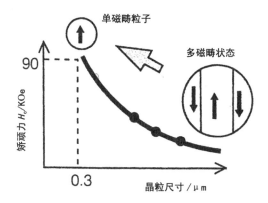

（a）晶粒细化

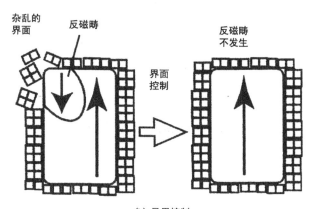

（b）晶界控制

6.4 添加 Dy 的 Nd–Fe–B 系合金

6.4.1 添加 Dy 的 Nd–Fe–B 系永磁材料的研究开发现状

——各向异性磁场要大，与温度的相关性要小

由于 Nd–Fe–B 系永磁显示出最高的磁能积 [$(BH)_{max}$]，因此在各种领域得到广泛应用。特别是近年来作为混合动力汽车（HEV）、电动汽车（EV）的电动机用永磁体，得到推广使用，从保护环境角度，其用量更会迅速增长。但是，由于 Nd–Fe–B 系烧结磁体的主相 $Nd_2Fe_{14}B$ 的温度系数过大，对于那些使用环境处于高温的用途，则不能产生很强的磁力，即难以达到所希望的磁能积。作为这一问题的对策，是添加镝（Dy），既可以实现室温下的高矫顽力，在高温也能确保某种程度的矫顽力。但是，镝的添加会造成 $(BH)_{max}$ 的下降，而且 Dy 在稀土类矿石中的含量很少，产地受限。因此，迫切需要含 Dy 量少却具有高矫顽力的 Nd–Fe–B 系稀土永磁。世界上许多机构都在进行这方面的研究开发。

烧结 Nd–Fe–B 永磁材料在工作温度（室温附近）下的矫顽力机理属于形核型，即合金的矫顽力是由反磁畴的形核场控制的。晶粒大时，会有反磁畴存在。要产生反磁畴，首先要发生磁矩旋转并形成磁畴壁。为了形成磁畴壁，需要磁矩从易磁化轴方向发生旋转，致使磁各向异性能增加。而且，由于邻近原子间的磁矩不再平行，也会造成耦合能增加。因此，为产生反磁畴需要的磁场肯定要比仅考虑磁各向异性能增加的各向异性磁场大。但是，由于晶界附近的结构不完整性以及杂质的吸附等，会造成磁各向异性及耦合能等的下降，从而易产生磁畴壁。而且，晶粒内缺陷及非磁性杂质的存在，也会产生局部的反磁场。因此，使粒子尺寸变细可以使矫顽力增加。

另外，保持 $Nd_2Fe_{14}B$ 相与富 Nd 相之间界面状态的良好也是提高矫顽力的重要途径之一。

由于存在于晶界的富钕相在高温下处于液相，利用液相烧结，不仅可以提高充填率，提高致密性，而且通过对存在于 $Nd_2Fe_{14}B$ 相表面的缺陷进行修复，还能起到抑制逆磁畴发生的效果。因此，为使矫顽力增加，减少反磁畴的发生概率是极为重要的。为此，如图 6–15 所示，需要采取的措施有：①尽量减少磁体的晶粒直径，使其接近单磁畴晶粒；②使 $Nd_2Fe_{14}B$ 与富钕相的界面保持完整；③通过 Nd–Fe–B 系永磁体的界面结构分析和矫顽力产生机制的判明，获得指导性原则；④通过在汽车中的实际应用，对电动机用永磁体作出评价。

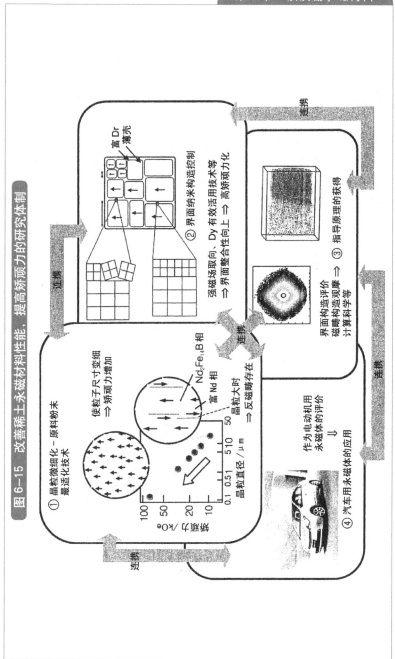

图 6-15 改善稀土永磁材料性能, 提高矫顽力的研究体制

6.4.2 藉由晶粒微细化、原料粉末 最佳化提高矫顽力

——制粉工艺至关重要

烧结钕铁硼系永磁材料是用粉末冶金方法制造的，其工艺流程如下：原材料准备→冶炼→铸片→氢碎→磁场取向与压型→烧结。对此，如图6-16所示，分三个方面进行研究开发。

(1) **下一代烧结永磁体用原料合金的研究开发**。通过对晶粒直径和元素分布进行控制，以能引发出高矫顽力的铸片 (strip cast，SC) 材料等的原料合金的开发为目的。到目前为止，已经获得有关晶核发生数和枝晶直径等方面的信息，通过采用新型铸造装置及结晶生长过程的控制等，已能制作粒径 2μm 以下的合金铸片。

(2) **超微细晶粒烧结永磁体制作工艺的开发**。通过晶粒直径微细化，以能制作出高矫顽力的烧结磁体的工艺开发为目的。到目前为止，采用已有的气流磨 (JM) 技术，已经实现微粉末粒径从 5μm 到 2.7μm 的微细化水平，即使无添加 Dy 的合金，也可使其矫顽力达到 17kOe，这标志着成功制作出具有与 Dy 量削减 20%～30% 磁学性能相当的烧结磁体。进一步导入 He 循环式 JM 技术等，采用粒径 1.2μm 以下、氧含量 1500×10^{-6} 以下的微粉末，已经确立烧结磁体制作工艺。

(3) **关于高矫顽力永磁体烧结组织最佳化的研究**。以实现富钕相等的烧结组织的最佳化为目的。到目前为止，虽然已经使 SC 中富钕相的层间距和 JM 粉末的平均粒径达到均匀一致，但 JM 粉末中富钕相附着率的增加和烧结组织均匀性的向上更为重要，基于这种认识，提出原料合金的新的制作方法。进一步还进行了富钕相的浸润性评价及界面模型的探讨。根据浸润性评价，发现添加铜可以提高浸润性，且有促进氧向液相的固溶度增加的效果；根据界面模型的探讨，发现矫顽力回复试样的 $Nd_2Fe_{14}B$ 相和富钕相的界面上，有形成非晶相的情况。

本节重点

(1) 为什么通过细化晶粒可以提高永磁材料的矫顽力？

(2) 采取哪些措施可以细化 Nd-Fe-B 系合金的晶粒？

(3) 如何实现高矫顽力永磁体烧结组织的最佳化？

图 6-16　藉由晶粒微细化、原料粉末最适化提高稀土永磁体材料矫顽力的技术开发

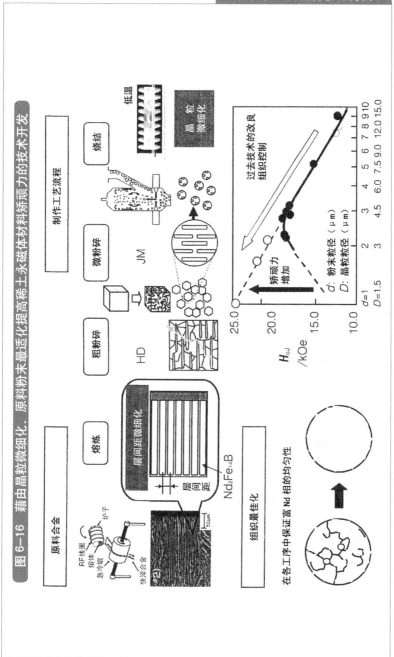

6.4.3 藉由界面纳米构造控制提高矫顽力

——各向异性磁场要大，与温度的相关性要小

图6-17表示藉由界面纳米结构控制提高稀土永磁材料矫顽力的技术开发路线。主要包括以下三方面的研究。

(1) 通过强磁场下的界面结构控制进行提高矫顽力的研究。通过强磁场中热处理实现界面结构的均匀性，以达到高矫顽力的目的。到目前为止，通过在140kOe以上的强磁场中进行热处理，在不含Dy的晶粒微细化磁体中观察到有15%的矫顽力，比原来磁体有52%的矫顽力的提高。特别是通过添加Al、Cu，经500℃或550℃温度的热处理，这种倾向更为明显。这些温度，与晶界中存在的Nd-Cu相及Al-Cu相的共晶温度相一致，因此被认为与磁场效果相关。

(2) 通过薄膜工艺过程控制的理想界面进行提高矫顽力的研究。在理想的磁体薄膜上，形成晶界相物质的膜层，用以制作界面模型，以此来探明矫顽力的机制。到目前为止，已在蓝宝石单晶基板或SiO_2基板上成功制作出3～5μm的$Nd_2Fe_{14}B$单晶薄膜，进一步在这种薄膜上沉积Nd覆盖层 (Nd overlayer)，并在500℃进行热处理，确认矫顽力有12kOe的上升。

(3) 通过烧结磁体的组织控制进行界面纳米结构最佳化的研究。通过Dy的扩散控制技术的探讨，使Dy在晶界优先偏析，以制作高矫顽力的烧结磁体。到目前为止，通过对富Dy原料种类的探讨，以及做成比原来更微细的粉末与主相粉末相混合，在烧结前已成功实现对Dy的高分散。进一步也确认，烧结后Dy分布，的确受到烧结前Dy分布的影响，并实现了磁体粒子的表面被富Dy区域覆盖的粒子比例超过82%的组织形态。此时的磁特性，在具有各种矫顽力的烧结磁体中，已超过Dy消减率20%的等价线。

本节重点

(1) 如何通过强磁场下的界面结构控制提高矫顽力？

(2) 如何通过薄膜工艺过程进行理想界面控制提高矫顽力？

(3) 如何通过烧结体的组织控制实现界面纳米结构最佳化？

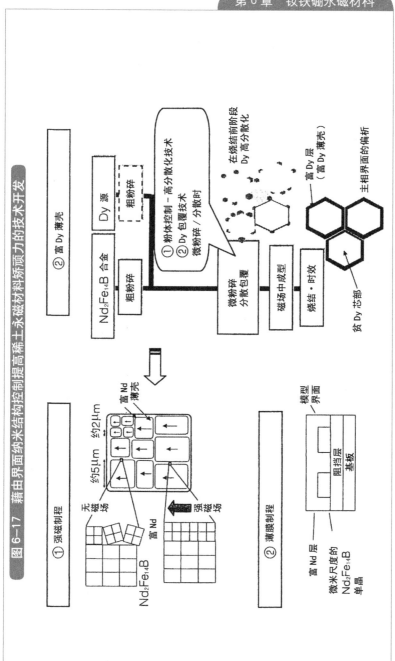

图6-17　藉由界面纳米结构控制提高稀土永磁材料矫顽力的技术开发

6.4.4 界面构造解析和矫顽力产生机制的理解和探索

——界面结构评价及对矫顽力的影响分析极为关键

稀土永磁体材料界面构造解析和矫顽力产生机制的理解和探索如图 6-18 所示。

(1) **通过纳米组织分析、原子水平的元素分析进行界面构造评价。** 在原子水平解析烧结磁体的晶界纳米结构，以搞清楚晶界结构与矫顽力间的因果关系为目的。

(2) **通过中子小角散射进行平均界面构造评价并探讨与矫顽力的关系。** 通过中子小角散射，以达到对作为矫顽力起源的磁体内部的平均界面构造明确化的目的。到目前为止，已经发现在由于不同的低温热处理温度、不同的磁场过程所引发的矫顽力的变化与小角散射强度间存在明确的相关性。特别是确认了由于粉末粒径及矫顽力的不同所造成的中子小角散射花样的变化。

(3) **微小晶粒集团中的磁化反转机制及控制法的研究开发。** 通过磁化反转机构的解析，以判明矫顽力的决定因素为目的。到目前为止，在磁气测定中已经有可能稳定地进行 10^{-6}emu 高感度的测定，根据磁畴观察也已经确认，以比较大的结晶粒子集团为单位发生磁化反转。今后需要进一步在粒子集团尺寸与磁化反转机制间建立关系。

(4) **关于稀土永磁矫顽力机制的理论研究。** 基于第一原理计算，从微观立场，以阐明矫顽力产生机制为目的。到目前为止，针对 $Nd_2Fe_{14}B$ 块体状态，进行了第一原理能带计算，得到了磁各向异性常数 K_u 为 10^7（J/m^3）左右与实验事实相符合的结果。而且，对于 $Nd_2Fe_{14}B$ 磁体来说，表面附近的 Nd 磁矩的各向异性显著受到晶粒的晶面方位的影响，同时显示出，Nd 和其周围 Fe 的磁矩作为逆磁畴的形核起点。特别是最初发现，晶粒表面 Nd 的磁各向异性常数 K_u 依晶面方位的不同而异，可以取负值，这为矫顽力机制的判明提供了重要线索。

(1) 如何通过纳米组织分析、原子水平的元素分析等进行界面结构评价？
(2) 介绍微小晶粒集团中的磁化反转机制及控制方法。
(3) 介绍稀土永磁矫顽力机制的理论模型。

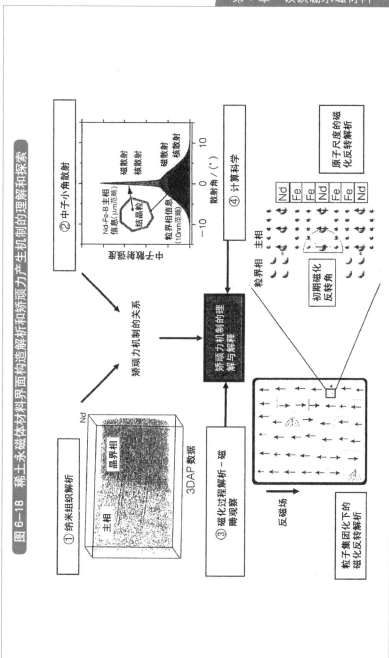

图6-18 稀土永磁体材料界面构造解析和矫顽力产生机制的理解和探索

6.5 黏结磁体

6.5.1 黏结磁体的优点及黏结磁体的分类

——黏结磁体磁能积不会很高，但优点很多

永磁体一般硬而脆，而且加工困难。受材料及制作方法限制而生产出的永磁体构件，在使用上多有不便。特别是在尺寸精度要求高的领域，还要进行研削加工，致使构件价格上升。为了克服这些缺点，人们开发出黏结磁体。

所谓黏结磁体，是使磁性粉末与橡胶或塑料等黏结材料（结合材料）相混合，成型为所要求的制品。其主要特征是富于挠性（可弯曲甚至折叠），使用起来与橡胶与塑料具有相同的感觉（图6-19）。作为磁性粉末，多选用磁学性能优良的锶铁氧体、钐钴、钕铁硼、钐铁氮等稀土永磁。当然，由于黏结磁体中混入大量的黏结（结合）材料，磁能积不会很高，磁力强度也比不上烧结型永磁体。但由于其加工性、耐振动性、耐冲击性优良，目前在越来越广阔的范围内使用。例如，受振动冲击大的车辆用马达、电冰箱中的密封条、广告牌用的压钮、各种文具中的盖板等，所用的都是黏结磁体。尽管是黏结磁体，但磁能积 $(BH)_{max}$ 达 $140kJ/m^3$ 以上的强力永磁材料也是有的，其应用范围不断扩展，正逐渐置换传统型的烧结永磁。黏结磁体是将磁性粉末与塑料及橡胶等混合，再经成型制成的，因此，依结合材料及磁性粉末种类的不同而异。图6-20汇总了黏结永磁体的分类。

本节重点

(1) 何谓黏结磁体？

(2) 黏结磁体的分类。

(3) 黏结磁体质地柔软、富于挠性、易于加工成型，应用广泛。

图 6-19 可以像橡胶和塑料那样使用的黏结磁体

黏结磁体的种类

塑料磁体：磁性材料粉体＋塑料
（聚酰胺系合成高分子化合物（尼龙 12，PPS 等））

橡胶磁体：磁性材料粉体＋橡胶
（以石油等为原料制成的合成 橡胶）

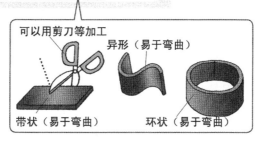

可以用剪刀等加工

异形（易于弯曲）

带状（易于弯曲）

环状（易于弯曲）

图 6-20 黏结永磁体的分类

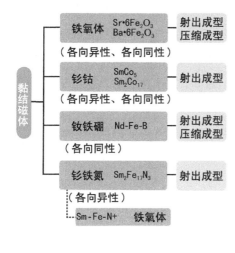

黏结磁体

铁氧体 $Sr \cdot 6Fe_2O_3$ $Ba \cdot 6Fe_2O_3$ —— 射出成型 压缩成型
（各向异性、各向同性）

钐钴 $SmCo_5$ Sm_2Co_{17} —— 射出成型
（各向异性、各向同性）

钕铁硼 Nd-Fe-B —— 射出成型 压缩成型
（各向同性）

钐铁氮 $Sm_2Fe_{17}N_3$ —— 射出成型
（各向异性）
····Sm-Fe-N＋ 铁氧体

6.5.2 橡胶磁体和塑料磁体
——特别容易加工，但磁性能较差

一般情况下，一提到永磁体，往往给人以硬而重的感觉。这是由于所使用的原料及制作方法造成的。这种永磁体对于使用来说多有不便。特别是对于尺寸精度要求高的领域，只能进行研削加工来保证，势必造成永磁体价格高涨。

随着磁性材料高性能化进展，人们开发出的黏结磁体就可以克服上述缺点。黏结磁体与烧结磁体比较，它可一次成型，无须二次加工，可以做成各种形状复杂的磁体，应用它可大大减少电动机的体积及重量。作为黏结磁体所使用的原料，一般选用磁学性能优异的钐钴、钕铁硼等稀土永磁。但由于黏结磁体中混入了大量结合材料（质量分数 5% ~ 15%），故能量密度不可能太高，也就是说磁力强度比不上烧结型永磁体。

但是，由于其加工性、耐振动性、耐冲击性优良，因此在家电制品、家具、文具、玩具，特别是汽车电动机等领域广有应用。

图 6-21 是可弯曲卷绕、可切断型橡胶永磁体的应用实例，图中表示在铁质杯状转子内表面布置黏结磁体的操作过程。而图 6-22 表示，将作为磁性材料的稀土系烧结永磁做成粉末状，并与尼龙或环氧树脂等黏结剂混（复）合，再与铁盘架一体化成型的构件结构。

由于黏结磁体的加工性、耐振动性、耐冲击性优异，目前已在越来越广阔的范围内使用。黏结磁体的磁能级 $(BH)_{max}$ 也逐渐增加，其中，$(BH)_{max}$ 从 60kJ/m^3（9.5MGOe）到 120kJ/m^3（150MGOe）的强力黏结磁体的应用越来越广泛。表 6-4 中汇总了黏结磁体的种类及磁能积数据。

本节重点
(1) 可折叠、弯曲、剪断的橡胶磁体。
(2) 橡胶磁体特别容易加工成所需要的各种形状。
(3) 黏结磁体的种类及其磁能积。

图 6-21 橡胶磁体（可弯曲、可切断）

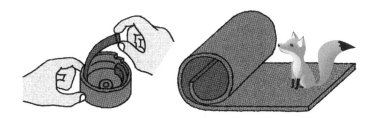

（注射成型黏结磁体）

图 6-22 塑料磁体

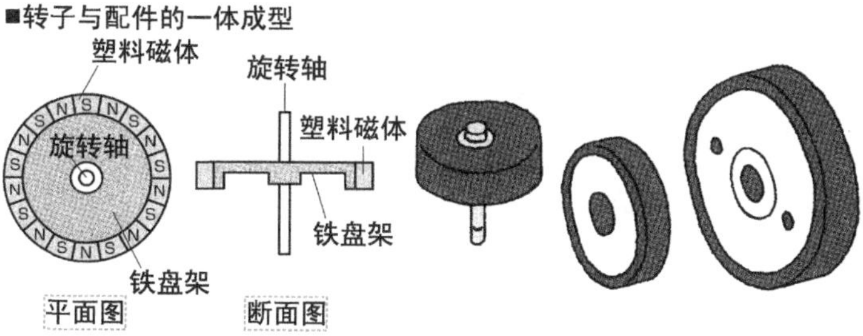

■转子与配件的一体成型

塑料磁体

旋转轴

塑料磁体

铁盘架

旋转轴

铁盘架

平面图   断面图

表 6-4 黏结磁体的种类及磁能积

永磁材料	成型法	磁能积 $(BH)_{max}$/（kJ/m³）		黏结材料
		各向异性	各向同性	
钕（Nd）系	压制烧结成型	——	27~52	环氧树脂 PPS
钐（Sm）系 Sm_2Co_{17}	压制烧结成型	75~88	——	PA-12 PPS
Sm-Fe-N+ 铁氧体	压制烧结成型	19~60	——	PA-12
钐铁氮	压制烧结成型	67~120	——	PA-12

注：表中的数据仅供参考，1MGOe ≈ 8kJ/m³。

6.5.3　黏结磁体的制造工艺
——制造工艺分磁粉制造和黏结成型两部分

黏结磁体的制作工艺分为磁粉制备方法和黏结成型制作方法两部分。

图6-23表示构成黏结磁体的关键技术和磁粉的充填极限；图6-24表示黏结磁体的分类及所采用的成型工艺。

磁粉制备方法，以Nd-Fe-B为例，常见的的有以下4种：①熔淬法；②气体喷雾法；③机械合金化法；④HDDR法。

这4种制备方法，融合了合金的制备与粉碎工艺。其他永磁体磁粉的制备方法类似。

黏结成型制作方法，或者说黏结成型工艺，受到工程前半部分原料制造、配合、混合和搅拌的限制。因而在完成了前半部分的工程中，后半部分的成型制作考虑到批量生产成本问题，常见的只有下述四种。

压缩成型：用750MPa的压力成型，在150～170℃固化。磁粉填充率高达80%（体积分数），比其他成型法制作的高，尺寸精度与注射成型法制作的相近。

注射成型：将加热的混炼料强制通过通道注入模腔，在模腔中固化。可制作形状复杂的产品及组件，产品尺寸精度高，国外称其为近终形成型工艺。

挤压成型：将混炼料加压挤过一个加热的嘴，并在冷却时控制外形。磁粉填充率可达75%（体积分数）。挤压模具应有良好的耐蚀性。

压延成型：将混炼料通过轧辊形成连续的薄带状产品，长度可达上百米，厚度为0.3～6.3mm，使用时按需要切割。

注射成型法和压延成型法的磁粉填充率约为70%（体积分数），有较多的黏结剂可保证成型时料的流动性，或保证产品的强度和柔软性。

本节重点
(1) 磁粉制备方法有哪四种？
(2) 黏结成型方法有哪四种？
(3) 磁粉充填极限因黏结成型方法的不同而异。

图6-23　构成黏结磁体的关键技术和磁粉的充填极限

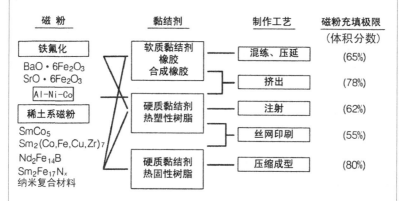

磁　粉	黏结剂	制作工艺	磁粉充填极限（体积分数）
铁氧化 $BaO \cdot 6Fe_2O_3$ $SrO \cdot 6Fe_2O_3$ Al-Ni-Co	软质黏结剂 橡胶 合成橡胶	混练、压延	(65%)
		挤出	(78%)
稀土系磁粉 $SmCo_5$ $Sm_2(Co,Fe,Cu,Zr)_7$ $Nd_2Fe_{14}B$ $Sm_2Fe_{17}N_x$ 纳米复合材料	硬质黏结剂 热塑性树脂	注射	(62%)
		丝网印刷	(55%)
	硬质黏结剂 热固性树脂	压缩成型	(80%)

图6-24　黏结磁体的分类及所采用的成型工艺

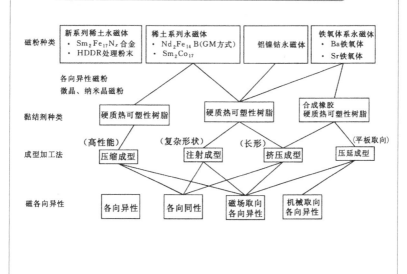

磁粉种类

| 新系列稀土永磁体
• $Sm_2Fe_{17}N_x$合金
• HDDR处理粉末 | 稀土系列永磁体
• $Nd_2Fe_{14}B$(GM方式)
• Sm_2Co_{17} | 铝镍钴永磁体 | 铁氧体系永磁体
• Ba铁氧体
• Sr铁氧体 |

各向异性磁粉
微晶、纳米晶磁粉

黏结剂种类

| 硬质热可塑性树脂 | 硬质热可塑性树脂 | 合成橡胶
硬质热可塑性树脂 |

成型加工法

| （高性能）
压缩成型 | （复杂形状）
注射成型 | （长形）
挤压成型 | （平板取向）
压延成型 |

磁各向异性

| 各向异性 | 各向同性 | 磁场取向
各向异性 | 机械取向
各向异性 |

6.5.4　各类黏结磁体的退磁曲线
——钕铁硼黏结磁体的性能远高于其他永磁体

　　所谓磁化曲线是表征物质磁化强度或磁感应强度与磁场强度的依赖关系的曲线。而在永磁材料的磁性曲线中重要的是其处于第二（或第四）象限的磁滞回线部分，即介于剩余磁通密度 B_b 和矫顽力 $-H_c$ 之间的部分，又称退磁曲线。在永磁材料的退磁曲线上，当反向磁场 H 增大到某一值 $_bH_c$ 时，磁体的磁感应强度 B 为 0，称该反向磁场 H 值为该材料的矫顽力 $_bH_c$；在反向磁场 $H={}_bH_c$ 时，磁体对外不显示磁通，因此矫顽力 $_bH_c$ 表征永磁材料抵抗外部反向磁场或其他退磁效应的能力。矫顽力 $_bH_c$ 是磁路设计中的一个重要参量。

　　从图 6-25 所示的各类黏结磁体的退磁曲线可以看出，钕铁硼黏结磁体的性能远高于钐钴黏结磁体、铁氧体黏结磁体等。黏结磁体可提供几乎无限多种机械、物理和磁性的组合；可直接形成或加工成形状复杂、薄壁型结构的部件，可采用粘贴或压入等方法进行组合，简单易行；便于成型后加工，而且可高精度加工；具有很高的韧性，不易破损、开裂等；作为永磁体的性能偏差小；显著高的性价比；特别适用于小型化等。黏结磁体的这些优点使其在精密马达、小型发电机等各种小型回转机械，扩音器、耳机等小型音响器件、小型机械、控制设备等领域的应用不断扩大。

本节重点
　　(1) 由退磁曲线可以确定最大磁能积 $(BH)_{max}$。
　　(2) 矫顽力 $_bH_c$ 是磁路设计中的一个重要参数。
　　(3) 由退磁曲线可以确定永磁体的最佳形状。

图 6-25 各类黏结磁体的退磁特性对比

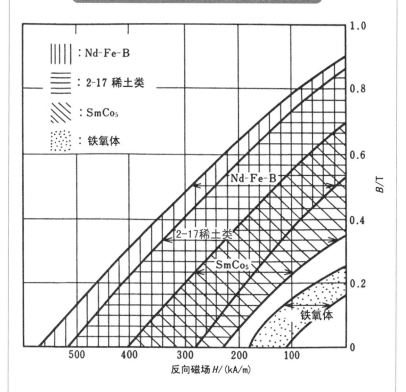

退磁曲线之所以重要,是因为永磁体均工作在退磁场中。表征退磁曲线的主要参数有三个:一是剩余磁通密度 B_r,即退磁曲线与纵坐标的交点;二是该材料的矫顽力 $_bH_c$,即退磁曲线与横坐标的交点;三是曲线下内接正方形的面积,它表征单位体积永磁体的承载能力,一般用最大磁能积 $(BH)_{max}$ 表示。基于 Nd-Fe-B 永磁优异的磁特性,由其制作的黏结磁体也优于其他材料。

书角茶桌
N极和S极的边界究竟在哪里？

微观看，铁等磁性体是由无数磁畴构成的。这里，所谓磁畴是指具有（同）方向磁化的区域，在此区域中，原子级磁体（电子自旋）的方向性按相同方向排列。

图6-26表示N、S磁极的边界。图中从上至下，按右向自旋、磁畴壁、左向自旋、磁畴壁、右向自旋的顺序排列。

另外，此处的所谓自旋，原本是指原子核及基本粒子固有的角动量，而对于磁性体来说，可以理解为因电子的回旋运动所发生的磁力线的方向。另外，所谓磁畴壁，不应理解为简单的实物墙壁，而应该理解为自旋方向不断变化，缓缓过渡的微观区域。

图6-27是磁畴壁部分的放大图，表示由上侧的右向自旋缓缓变为左向自旋的模式。顺便指出，这种磁畴壁并非永远位于同一位置，受外部磁场影响，是会发生变化的。如此，在N极和S极的交界处，随着自旋方向的不断变化，磁极的方向相互转化。

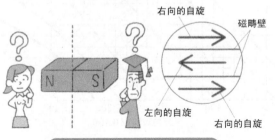

图6-26 N、S磁极的边界

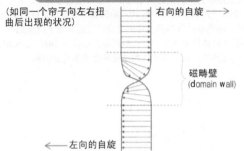

图6-27 磁畴壁部分的放大图

-168-

第 7 章

磁路计算和退磁曲线

7.1 永磁体的磁路计算
7.2 永磁材料的退磁曲线
7.3 反磁场对永磁体的退磁作用

书角茶桌

　　永磁体的磁力不会因为使用而降低

7.1 永磁体的磁路计算

7.1.1 磁导与磁导系数

——表征磁路特性的重要参量

在使用永磁体的电气部件设计中，有时会遇到磁导 (permeance，P) 和磁导系数 (permeance coefficient，P_c) 等术语，二者代表不同的含义。

两个术语的区别，对于开始接触永磁体的初学者来说很容易混淆，在此对二者的区别加以说明。

首先，关于前者磁导 (P) 的定义，可以表述为"取由磁力线与两个等位面所围的圆筒区域的任何截面的磁通，其与该部分内部的面间磁位差之比。"

参量间的数学表达式为：

$$P = \frac{磁通（Mx）}{磁势（Gb）} \qquad \text{CGS 单位制}$$

$$P = \frac{磁通（Wb）}{磁势（A）或（A \cdot T/m）} \qquad \text{SI 单位制} \qquad (7\text{-}1)$$

式中，若 μ 和 A 处处相同，则式 (7-1) 可由式 (7-2) 表示。

$$P = \mu A/l \qquad (7\text{-}2)$$

式中，A 为面积，cm^2；l 为长度，cm。

$$H = -NJ/\mu_0 \quad (\mu_0 H = -NJ) \qquad (7\text{-}3)$$

$$H = H_0 - NJ/\mu_0 \qquad (7\text{-}4)$$

式中，N 为自退磁系数；$-NJ$ 为自退磁场（反磁场）。

与之相对，所谓磁导系数 (P_c)，是由含永磁体形状在内的磁回路决定的系数，它可以表述为外部的全磁导与永磁体所占空间的磁导之比。

$$P_c = \frac{B_d}{H_d} \qquad (7\text{-}5)$$

式中，B_d 为磁通密度；H_d 为退磁场强度。

本节重点

(1) 磁导 (P) 和磁导系数 (P_c) 的定义。
(2) 由磁导系数决定的直线称为负载线，其与退磁曲线的交点称为工作点。
(3) P_c 对于磁路的构成极为重要。

　　由磁导系数决定的直线称为负载线，其与退磁曲线的交点称为工作点。另外，与工作点相对应的 B_d 与 H_d 的乘积称为磁能积，该值在某一工作点取最大值，此时的值称为最大磁能积 $(BH)_{max}$。图 7-1 表示这些参量之间的关系。

　　另外，磁性体内部的磁场可由式（7-4）表示。其中，若将式（7-4）中的 H_0 忽略，则得到式（7-3）。

　　如此看来，磁导系数是磁回路构成中非常重要的因素。

图7-1 P_c 与退磁特性

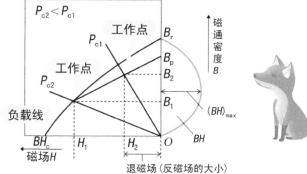

7.1.2　铁片靠近永磁体时磁导系数会增大

——永磁体用于制品中，磁导系数会发生变化

若在不存在任何物质的空间放置永磁体，如图 7-2 所示，则在其表面产生的磁力线会从 N 极指向 S 极。但在磁体内部，沿着与磁化方向相反的方向（反方向），会有退磁场 H_d 的作用。因此，磁体的工作需要在图 7-3 所示磁滞回线的第二象限中进行评价。而且，其磁通密度与该退磁场的比值，即磁导系数，可由 $P_c = B_d/H_d$ 给出，该值的大小依永磁体的尺寸形状不同而异，N-S 方向越细长的永磁体，P_c 值越小，即退磁场的作用越明显。

而且，如图 7-2 所示，若移动铁片，使其靠近或是远离已充好磁的永磁体，磁力都会发生变化。例如，对于图 7-4 所示的磁体来说，若有铁片靠近，由于永磁体的作用，被磁化的铁会在外部产生磁场，从而该磁场使永磁体在磁化增强的方向起作用。

如果从图 7-3 所示的退磁曲线分析该系统的工作，依铁片位置的不同而异，磁体的磁导系数会发生变化，设在 A 位置的磁导系数为 P_{c1}，B 位置的磁导系数为 P_{c2}，后者的磁导系数变大。而且，此时如图 7-3 所示，从工作点 A 经由 B 点引直线，与磁通密度纵轴的交点为 B_p，则该路径 $A-B_p$ 的斜率对应反冲磁导率 μ_r。

顺便指出，这里 μ_r 是磁体的材料常数，对于铁氧体永磁来说，μ_r 的数值取 1.05 左右。另外，上述的斜率可以取与过图 7-3 中 B_r 点的退磁曲线的切线相接近的直线的斜率。

在此基础上，若想更具体地求出图 7-5 所示磁体单体的磁导系数，则 P_c 可由式 (7-6) 给出。此时，式 (7-6) 中的 D_m 用式 (7-7) 表示，若此物体为圆柱，则用其直径，若为其他情况，则由截面积换算成圆柱的等效直径，并由其求出实际的磁导系数。

$$P_c \approx S \frac{L_m}{D_m} \left[\sqrt{1 + \left(\frac{L_m}{D_m} \right)^2} + \frac{L_m}{D_m} \right] \tag{7-6}$$

式中，S 为常数，一般适用于取 1.3 左右的情况。

$$D_m = \sqrt{\frac{4A_m}{\pi}} \tag{7-7}$$

为进一步求出实际的 P_c，可以利用下面的关系式：

$$B_d = \frac{B_r}{1 + \dfrac{\mu_r}{P_c}} \tag{7-8}$$

$$H_d = \frac{B_r}{\mu_r + P_c} \tag{7-9}$$

利用上述公式便可计算出适用永磁体的各个参数。

本节重点

（1）永磁体的磁化状态。

（2）永磁体的退磁曲线。

（3）如何求出永磁体单体的磁导系数？

图7-2 永磁体的磁化状态

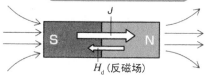

图7-3 退磁曲线

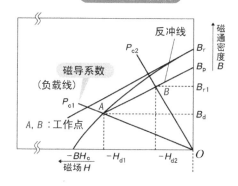

图7-4 铁片靠近永磁体的情况

图7-5 永磁体单体(方柱永磁体)

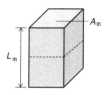

7.1.3 磁路计算与电路计算的差异

——使用永磁体的制品也可以置换成电路进行计算

永磁体中有棒状的、环形的、方形的、马蹄形的等各种各样的形状，但若不特意着眼于其周围，都要形成磁回路。因此，永磁体与电气回路一样，也可以按回路处理。但是，使用磁体的装置在其各个组成部分都会产生漏磁，要考虑这些因素，就要面对非常复杂的回路。因此，在此将其原理与简单的电路相对应，再理解与磁路的差异。

图 7-6 汇总了电路与磁路的差异。其中，分别对比了由电池和电灯构成的电路 (a) 和由永磁体与磁轭构成的磁路 (b)。

在电路 (a) 中，由电池发出的所有电流都流经电灯，参量间的关系由式 (7-10) 表示。与之相对，在磁路 (b) 中，磁通不仅在磁轭的端部发出，还产生如图 7-6 (b) 中所示的漏磁通（漏磁），参量间的关系可由式 (7-11) 表示。也就是说，对于磁路来说，一些不需要的部分也会成为磁力线的通路。

$$I_{\mathrm{L}} = \frac{E_{\mathrm{b}}}{R_{\mathrm{L}}} \tag{7-10}$$

式中，I_{L} 为电路中电流；E_{b} 为电池电动势；R_{L} 为电灯电阻。

$$\Phi = \frac{IN}{R_{\mathrm{mgt}}} = \frac{IN}{R_{\mathrm{my}}\left(R_{\mathrm{mg1}}/R_{\mathrm{mg2}}\right)} \tag{7-11}$$

式中，Φ 为主磁通；I 为电流；N 为线圈匝数；R_{mgt} 为回路的全磁阻；R_{my} 为磁轭内的磁阻；R_{mg1} 为主磁通的磁阻；R_{mg2} 为漏磁通的磁阻。

一般来说，铁等铁磁性体与空气的磁阻之差仅有几百到一千倍的程度。因此，有必要将空气也看成是磁力线通路的一种。在必要时，永磁体（磁）回路中目不可见的部分也可能成为磁力线的通路，仅此就会使回路解析变得十分复杂。

与之相对，对于电路来说，只要绝缘状态不变差，一般不会向周边流出漏电流，因此电路解析相对容易。以电池为电源的电路和以永磁体为"磁源"的磁路的各种参数一览表如表 7-1 所示。

从表 7-1 中可以看出，电路中的电压与磁路中的磁势相当。这样，磁路也可以按电路考虑，因此欧姆定律也适用。

本节重点

(1) 磁路与电路的差异。
(2) 欧姆定律对于磁路也成立。
(3) 磁路与电路的各参数不同。

图7-6　电路与磁路的差异

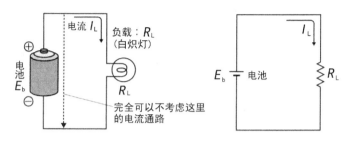

（a）电路（电源）及其等效电路

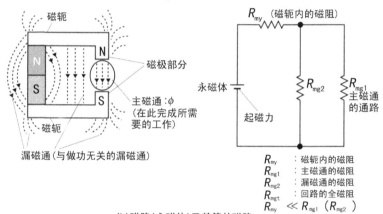

R_{my}：磁轭内的磁阻
R_{mg1}：主磁通的磁阻
R_{mg2}：漏磁通的磁阻
R_{mgt}：回路的全磁阻
$R_{my} \ll R_{mg1}（R_{mg2}）$

（b）磁路（永磁体）及其等效磁路

表7-1　电路和磁路中各种参量的比较

电　路	磁　路
电压（电动势）E（V）	磁势（起磁力）　F_m　（A・匝）
电阻 R（Ω）	磁阻　R_m（reluctance）
电流强度 I（A） $I = \dfrac{E}{R}$	磁通（磁通密度）　ϕ（Wb） $\phi = \dfrac{F_m}{R_m} = \dfrac{IN}{R_m}$
电导率　σ、Σ	磁导率　μ
电导体	铁磁性体
电导　$G(S)=1 / R_t$	磁导 $P=1/R_{mgt}$
一般情况下没有泄漏电流	一定有漏磁通

7.1.4　若使永磁体各向异性化，磁力会变强
——实际应用的大部分是各向异性永磁体

　　在制作永磁体的过程中，通过使磁畴内的自旋进行磁场取向（各向异性化），可以显著改善磁学特性。因此，面对制作强力永磁体的需求，一般要进行磁场取向处理。其中，所谓磁场取向是将磁性材料磁畴内的自旋向着一定的方向集中，由此可以制作强力永磁体。当然，这种处理需要专用的磁场成型机。

　　各向异性的分类，尽管有如图7-7所示的各种类型，但即使在相同的各向异性中，还有干式各向异性和湿式各向异性之分。对于这种情况，前者采用尼龙等黏结（结合）剂，将磁性粉末结合在一起；后者采用水分使磁性粉末固结，再经烧结，使其中的水分发散。经过烧结过程，材料发生致密化，由于密度高，因此磁性性能提高。湿式工艺比干式工艺更利于制造更强力的永磁体。

　　顺便指出，对磁性材料进行磁场取向时，需要采用专用的磁场成型机，但是，利用其制作磁体时，仍然受到充磁方向、磁极数目以及其他方面的制约。也就是说，不能由后道工序方便地改变充磁方向及磁极数目等。

　　而且，硬磁铁氧体晶胞一般为矮六棱柱形状（六方晶），沿其高度方向（易磁化轴）磁化，才可能获得强力永磁体。

本节重点

（1）利用磁场取向（各向异性化）获得强力磁体。
（2）磁各向异性的分类。
（3）各种磁各向异性的特征。

图7-7 各向异性的种类

各向异性的种类

干式各向异性
（需要黏结材料）

湿式各向异性
（不需要黏结材料）

轴各向异性

在圆永磁体的高度方向充磁。

径各向异性

部分径各向异性

为了形成部分径各向异性，充磁时需要确定位置。用于特殊电动机、旋转螺旋线管等。

完全径各向异性

作为强力的多极永磁体而使用。由于要形成完全径各向异性，因此不需要决定充磁的位置。

极各向异性（多磁极各向异性）

外周多极　　　内周多极

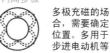

多极充磁的场合，需要确定位置。多用于步进电动机等。

径方向各向异性（二级各向异性）

在制作径方向强力二极永磁体的场合使用。充磁时需要确定位置。

特殊各向异性

平面图　　　断面图（侧面）

具有特殊的各向异性，主要是在需要复合充磁的场合使用。

其他

充磁方向是确定的比各向同性永磁体的磁性强

7.2 永磁材料的退磁曲线

7.2.1 对 B-H 曲线和 $(BH)_{max}$ 的理解

——退磁曲线与最大磁能积的关系

　　磁性材料的特性，尽管可以由其磁滞回线求出，但对于永磁体来说，第二象限的退磁曲线还是存在问题。因此，在本节对退磁曲线（B-H）的解读方法以及其涉及的各个参数作简单说明。图 7-8 表示经常见到的磁学特性，一般称其为永磁体的退磁曲线。其中纵轴表示残留磁通密度 B_r，而横轴表示矫顽力 H_c。

　　但是，所谓好的永磁体，一般是指具有强力磁性力的磁体，但它是同磁通密度 B_r 成正比的。也就是说，为实现强力永磁体，应尽量使 B_r 更大。但仅此还不够。

　　这是因为，即使 B_r 大，但若矫顽力 H_c 小，其磁力也不能稳定地持续保持。至于别的表现，加工安装磁体也会附加各种退磁作用，致使其磁通密度降低。因此，所谓好的磁体，其残留磁通密度 B_r 要大，而且其矫顽力 H_c 必须高。满足这些关系的特性，如图 7-8 的 B-H 曲线所示，其 B_r、H_c 在相互平衡的前提下，都要尽量取更大的值。

　　另外，即使 B_r、H_c 相同，其特性也各有差异。也就是说，即使规定了 B_r 和 H_c，B-H 曲线还是各式各样，如图 7-8 中所示的 a、b、c 三条曲线。因此，对于这些特许，还有一个是考虑曲线向上鼓胀程度的如图 7-9 所示的 BH，称此为磁能积。对此，针对 P 点的情况，由 B_r 和 H_c 描绘长方形，再从坐标原点引对角线 OP，从其交点 P_1、P_2、P_3 引 B_r 轴和 H_c 轴的垂线，分别求出其 $B_r(B_d)$、H_c-H_d。另外，称 $(BH)_{max}$ 为最大磁能积，表示 BH 的最大值。

本节重点

(1) 解读磁体的退磁特性。

(2) 好的磁体要求 B_r 大，H_c 也大。

(3) 退磁曲线与 BH、$(BH)_{max}$。

图7-8　永磁体的退磁曲线(永磁体的B-H曲线)

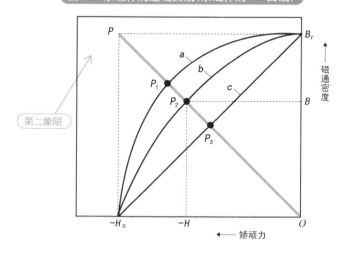

图7-9　退磁曲线与磁能积BH

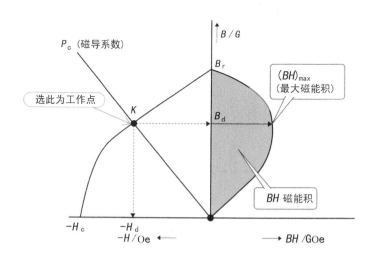

7.2.2 永磁体的退磁曲线中有 *B-H* 特性 和 *J-H* 特性之分

——注意 *B-H* 曲线与 *J-H* 曲线的差别

马达等中使用的铁氧体永磁体，由于受磁体中产生的退磁场（反磁场）的影响，会引起退磁作用。因此，为了使工作点不比 *B-H* 曲线的屈服点（Kunike point）低，必须采用矫顽力高的永磁体。

但是，在 *B-H* 曲线和 *J-H* 曲线间，存在式（7-12）所示的关系，磁化强度 *J* 与磁场强度 *H* 的比值用磁化率 *K* 表示，即存在式（7-13）的关系。而且由式（7-13）可以导出式（7-14）。其中，μ_0 是真空中的磁导率，$\mu_0=1$，而且由于磁导率 μ 是磁通密度 *B* 与磁场强度 *H* 的比值，即 $\mu=B/H=\mu_0+K$，由此可以得到 $B=\mu H$。这些关系表示于图 7-10 中。如图中所示，即使去除磁场强度 *H*，磁体中仍有磁通密度和磁化强度残留，称此为残留磁通密度和残留磁化强度，分别用 B_r 及 $4\pi J$ 表示。

$$B=\mu H+J \qquad (7-12)$$

$$K=J/H, \quad J=KH \qquad (7-13)$$

$$B=\mu_0 H+KH=(\mu_0+K)H \qquad (7-14)$$

式中，*B* 为磁通密度；*H* 为磁场强度；*J* 为磁化强度；*K* 为磁化率；μ 为磁导率；μ_0 为真空中的磁导率。

而且若在相反方向施加磁化力，尽管存在残留磁通变为 0 的点，对应该点的矫顽力依磁性材料的不同而异，而且还有 *B* 矫顽力 → $_BH_c$、*J* 矫顽力 → $_JH_c$ 的区别。而且，这种特性是以铁氧体永磁材料，即按硬磁铁氧体清楚地表示的，但是，对于 *H* 小的软磁铁氧体（高周波变压器的芯材）来说，几乎没有差别。即可以认为 $_BH_c=_JH_c$。

图 7-11 是依据实际铁氧体永磁体的特性表绘制成的。正如图中所示，各个厂家都给出了与 *B-H* 曲线和 *B-H* 曲线相关的数据。

（1）*B-H* 曲线和 *J-H* 曲线。
（2）残留磁通密度和残留磁化强度。
（3）铁氧体永磁体的退磁曲线实例。

图7-10 铁氧体永磁的退磁曲线

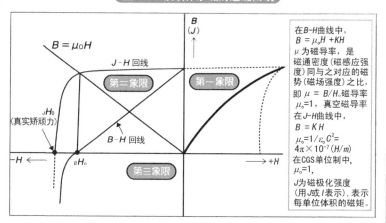

在B-H曲线中，
$B = \mu_o H + KH$
μ 为磁导率，是
磁通密度(磁感应强
度)同与之对应的磁
势(磁场强度)之比，
即 $\mu = B/H$。磁导率
$\mu_o = 1$，真空磁导率
在J-H曲线中，
$B = KH$
$\mu_o = 1/\varepsilon_o C^2 =$
$4\pi \times 10^{-7} (H/m)$
在CGS单位制中，
$\mu_o = 1$，
J为磁极化强度
(用J或I表示)，表示
每单位体积的磁矩。

图7-11 铁氧体永磁FB12H的退磁曲线(TDK)

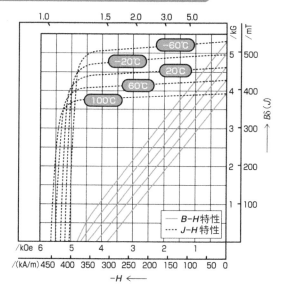

7.2.3 稀土永磁材料的磁化曲线和退磁曲线

——形核型和钉扎型具有不同的磁化曲线和退磁曲线

所谓磁化曲线是表征物质磁化强度或磁感应强度与磁场强度依赖关系的曲线。

磁性材料是由铁磁性物质或亚铁磁性物质组成的，在外加磁场 H 作用下，必有相应的磁化强度 M 或磁感应强度 B，它们随磁场强度 H 的变化曲线称为磁化曲线（M-H 曲线或 B-H 曲线）（图 7-12）。磁化曲线一般来说是非线性的，具有两个特点：磁饱和现象及磁滞现象。即当磁场强度 H 足够大时，磁化强度 M 达到一个确定的饱和值 M_s，继续增大 H，M_s 保持不变；以及当材料的 M 值达到饱和后，外磁场 H 降低为零时，M 并不恢复为零，而是沿 M_sM_r 曲线变化。材料的工作状态相当于 M-H 曲线或 B-H 曲线上的某一点，该点常称为工作点。

而在永磁材料的磁性曲线中重要的是其处于第二（或第四）象限的磁滞回线部分，即介于剩余磁通密度 B_b 和矫顽力 $-H_c$ 之间的部分，又称退磁曲线（图 7-12）。设此曲线上各点坐标为 B_d、H_d，则 B_d 与 H_d 的乘积称为磁能积，$B_d H_d$ 与 B 的关系曲线称为磁能积曲线。这两条曲线的 B_d、H_c 和 (BH) 是永磁材料最重要的三个磁性参量。

本节重点

(1) 何谓磁化曲线和磁滞回线？说明磁饱和现象和磁滞现象。
(2) 何谓形核型和钉扎型的磁化退磁曲线？
(3) 说明 Nd-Fe-B 系永磁磁化曲线和磁滞回线区别于其他永磁的特征。

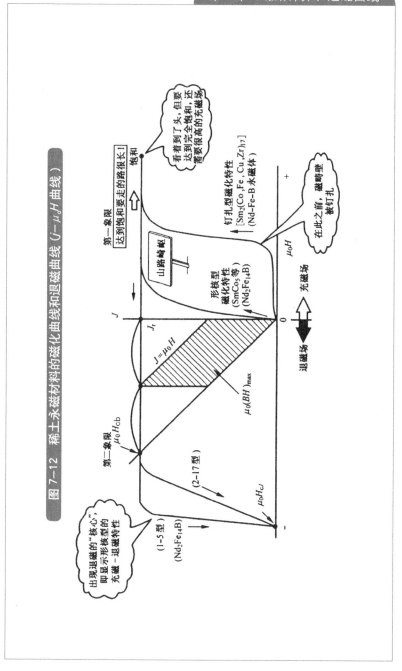

图 7-12　稀土永磁材料的磁化曲线和退磁曲线（$J - \mu_0 H$ 曲线）

7.2.4 反磁场 $\mu_0 H_d$ 与永磁体内的磁通密度 B_d
——外磁场造成的永磁体的退磁

反磁场 $\mu_0 H_d$ 是由 J 和反磁场系数 N_d 按关系 $\mu_0 H_d = -N_d J$ 决定的。式中，μ_0 为真空中的磁导率，$4\pi \times 10^{-7} H/m$，负号表示反磁场的方向与永磁体的磁化方向相反。反磁场系数 N_d 的大小因永磁体的形状不同而变化。

例如，对于圆柱或旋转椭球体来说，设长为 L，直径为 D，其形状随尺寸比 L/D 而变化。当 $L/D=0$ 时，为无限薄磁体，其 $N_d=1$；相反，当 L 很长时，$N_d=0$；对于球体来说，$N_d=1/3$。随着磁体的尺寸比变大，反磁场系数变小，从而反磁场变小。这有点类似于使两个条形磁铁的 N 极与 S 极接近的情况，两级的间隔越窄，吸引力越强，间隔越宽，吸引力越弱。

正是由于上述反磁场的存在，造成可从磁体取出的磁场变低，但并非仅仅如此。反磁场的存在还会造成磁极化强度 J 本身的下降。

在永磁体磁性材料中，按习惯都采用磁通密度 B，B 中既含有外加磁场的贡献，又含有反磁场的贡献。据此，考虑到反磁场 $\mu_0 H_d$，磁体的磁场可用磁通密度表示为 $B_d = J_d + \mu_0 H_d$ 或 $B_d = (1-N_d) J_d$。即，B_d 可以用 J_d 和 N_d 表示。从 $N_d=0 \sim 1$ 的变化过程中，构成了 $B_d - \mu_0 H$ 的曲线，称此为退磁曲线。显然，因磁体形状不同，其形成的磁场会发生变化。

还应指出，$B_d / (\mu_0 H_d)$ 为磁穿透系数 p，对于长形磁体来说，H_d 小从而 p 高，B_d 取 B_r，H_r 附近的值；对于 p 小的磁体，B_d 要比 B_r 的值小得多。

磁滞回线的一部分如图 7-13 所示，反磁场 $\mu_0 H_d$ 与永磁体内的磁通密度 B_d 如图 7-14 所示。

本节重点

(1) 何谓反磁场和反磁场系数？
(2) 反磁场的存在会造成哪些效应？
(3) 何谓磁穿透系数？磁穿透系数与哪些因素有关？

图 7-13　磁滞回线的一部分

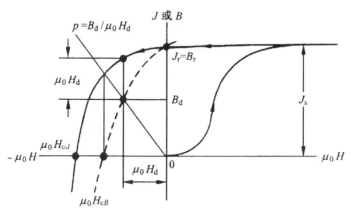

实线：$J-\mu_0 H$ 回线；虚线：$B-\mu_0 H$ 回线

图 7-14　反磁场 $\mu_0 H_d$ 与永磁体内的磁通密度 B_d

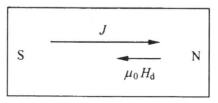

$$B_d = J - \mu_0 H_d$$

7.2.5 退磁曲线与最大磁能积的关系

——在退磁曲线上可以找到永磁体的最佳 $[(BH)_{max}]$ 形状

  关于最大磁能积，可以这样来理解。退磁曲线上任何一点的 B 和 H 的乘积即代表了磁铁在气隙空间所建立的磁能量密度，即气隙单位体积的静磁能量，由于这项能量等于磁铁 B_m 与 H_m 的乘积 BH，因此称为磁能积，磁能积随 B 而变化的关系曲线称为磁能积曲线，其中有一点对应的 B_d 与 H_d 的乘积有最大值，称为最大磁能积 $(BH)_{max}$。

  对于永磁体来说，单位体积磁场取最大的形状是确定的。该形状随由退磁曲线所表示的永磁体的磁学特性不同而异，但永磁体单位体积磁场能取最大值的形状与其单位体积的磁场取最大的形状是一致的。即反磁场与永磁体工作点磁通密度 B_d 之间相互作用的磁场能与 $B_d H_d$ 的乘积成比例。若某一形状对应的单位体积的磁场能取最大，则其对应的磁场也取最大值。

  如果永磁体的尺寸比取 $(BH)_{max}$ 的形状，则能保证该永磁体单位体积的磁场能为最大（图7-15）。如上所述，可以根据 $(BH)_{max}$ 确定各种永磁体的最佳形状。在最佳形状下根据能获得磁场的大小来比较不同永磁体的强度。即，$(BH)_{max}$ 最高的磁体，产生同样磁场所需的体积最小；而在相同体积下，$(BH)_{max}$ 最高的磁体获得的磁场最强。因此，$(BH)_{max}$ 是评价永磁体强度的最主要指标。

  图7-16以实例说明如何根据永磁材料的退磁曲线计算其磁能积的过程。通过对比，就可以在退磁曲线上找到与 $(BH)_{max}$ 相对应的位置，再按图7-15，在退磁曲线上就能确定永磁体的最佳形状。

本节重点

(1) 何谓磁能积和最大磁能积？
(2) 为什么 $(BH)_{max}$ 是评价永磁体强度的最主要指标？
(3) 如何在退磁曲线上找到 $(BH)_{max}$？

图 7-15 退磁曲线与 $\mu_0(BH)_{max}$ 的关系

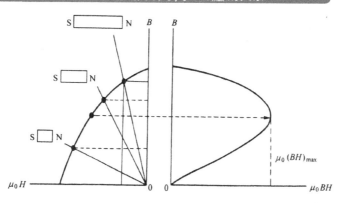

图 7-16 如何根据永磁材料的退磁曲线计算其磁能积

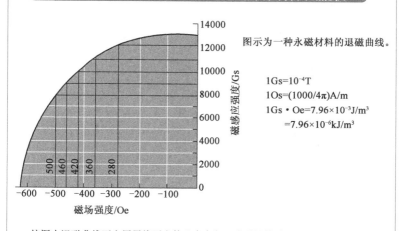

图示为一种永磁材料的退磁曲线。

$1Gs=10^{-4}T$

$1Os=(1000/4\pi)A/m$

$1Gs \cdot Oe=7.96\times10^{-3}J/m^3$

$=7.96\times10^{-6}kJ/m^3$

按图中退磁曲线下方用黑线画出的几个直角，分别计算磁能积如下：

$BH_1=(12000)(280)=3.4\times10^6(Gs \cdot Oe)$

$BH_2=(11000)(360)=4.0\times10^6(Gs \cdot Oe)$

$BH_3=(10000)(420)=4.2\times10^6(Gs \cdot Oe)$，此为磁能积最大位置

$BH_4=(9000)(460)=4.1\times10^6(Gs \cdot Oe)$

$BH_5=(8000)(500)=4.0\times10^6(Gs \cdot Oe)$

7.3 反磁场对永磁体的退磁作用
7.3.1 外部磁场造成的永磁体的退磁
—— 退磁效应因磁体形状不同而异

永磁体用于马达的情况下，马达电流会产生强烈的反磁场，从而对永磁体产生退磁作用。永磁体用于马达的情况下，不仅需要对第二象限，而且还要包括第三象限，进行退磁场分析。

为此，下面针对这种方法作简要说明。请见图 7-17。在此，矫顽力 $_BH_c$ 表示 B-H 曲线（铁氧体永磁体的退磁特性）的磁通密度 B 等于 0 时的磁场强度。而且，$_JH_c$ 表示磁化强度 $J=0$ 时的磁场强度。

此外，这里在表示磁体固有的磁化强度的场合，在 CGS 单位制中称为 $4\pi I$-H 曲线，而在 SI 单位制中称为 J-H 曲线。

作为解析的步骤，首先，由不加退磁场的磁回路求出的负载线 P_{c2} 与 B-H 曲线的交点 A，相对于矫顽力线引垂线，其与 J-H 曲线相交的位置为交点 B。而且，同时从 A 点引平行于 H 轴的水平线，与 B 轴的交点为 B_{d1}。其次，在该磁路中有退磁场 ΔH 对永磁体作用时的磁化强度，取 H 轴侧的 E 点，再在 B 点与原点 O 间连线 BO（P_{c3}），并以 E 点作为起点，引与连线 BO（P_{c3}）平行的直线 P_{c1}，由此得到与 J-H 曲线的交点 S。接着，由 S 点沿 H 轴向下引垂直线，与 B-H 曲线相交的位置取作 K 点。然后，求出在去除外加反磁场 ΔH 时的工作点的位置，这种情况，从 E 点引与 B-H 曲线的平行线的反冲线 μ_r 及磁导系数 P_{c2} 线的交点，取此为 F 点。从 F 点向着 B 轴引水平线得到 B_{d2}。这样，就可以求出施加反磁场前的初始磁通密度 B_{d1} 和施加反磁场情况下的 B_{d2}，由此，就可以求出反磁场产生的退磁量 ΔB_d。

$$\Delta B_d = \frac{B_{d1} - B_{d2}}{B_{d1}} \times 100\% \qquad (7\text{-}15)$$

$$B_d = \frac{B_r}{1 + \dfrac{\mu_r}{P_c}} \qquad (7\text{-}16)$$

$$H_d = \frac{B_r}{\mu_r + P_c} \qquad (7\text{-}17)$$

本节重点
(1) 永磁体用于马达情况的退磁场解析。
(2) 使用 B-H 曲线的解析步骤。
(3) 由反磁场引起的退磁量的求解方法。

图7-17 铁氧体永磁的外部退磁特性

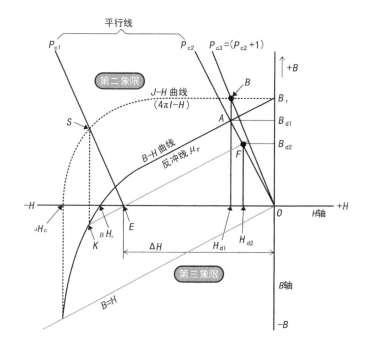

7.3.2 永磁体的可逆退磁

——伴随温度变化，磁学特性发生可逆变化

铁氧体永磁体的磁学特性受周围温度的影响十分显著，而且对于各向异性铁氧体永磁体来说，其 B-H 曲线的屈服点位于第二象限，因此，因永磁体的工作点不同，会引起低温不可逆退磁，致使温度即使返回，永磁体也不能恢复原来的特性。正是由于这种原因，在设计磁回路时，必须注意这些永磁体的退磁特性。顺便指出，这里所谓的屈服点，是指 B-H 曲线发生急剧弯曲处所对应的点，在有些情况下，也称其为 Knik 点。

图 7-18 是为了说明温度变化和屈服点移动的 B-H 曲线，其中，以 20℃ 为中心，描画出 -20℃、$+20$℃ 和 $+60$℃ 三条 B-H 曲线。

以实例说明，锶（Sr）铁氧体永磁体的残留磁通密度 B_r 的温度系数（$\Delta B_r / B_r$）$/ \Delta T$，大约为 -0.18%/K（或 %/℃），而且其矫顽力 H_c 的温度系数大约为 $+0.4\%$/K（或 %/℃），利用这些数字，并求出温度变化，在图 7-18 中，以 20℃ 为中心，使之发生 ± 40℃ 的温度变化，则 20℃ 时的 B_r 有 $\pm 7.2\%$，而且 H_c 有 $\pm 16\%$ 的变化（H_c 未在图中画出），表明特性发生很大变化。

这一特性变化随着铁氧体磁体的周围温度下降，屈服点会向着图 7-18 纵轴 B_{r2} 侧移动。也就是说，温度越是下降，磁通密度越是增加，与之相反，矫顽力减小，应这种变化，B-H 曲线如图 7-18 所示，会沿纵向伸长。

下面再看图 7-19，该图说明永磁体的工作点在可逆退磁范围内某种情况下的动作。在此，位于负载线 P_c（磁导系数）上 20℃ 的工作点 a_1 和 -20℃ 的工作点 a_2 都处于比 B-H 曲线的屈服点 K_1、K_2 高的位置，即使周围温度从 20℃ 变动到 -20℃ 这一原来的温度，则工作点 a_1、a_2 分别以直线的方式在 P_c 线上移动。也就是说，假设在此范围内，相对于温度变化，磁体的特性具有可逆性（再现性）。

本节重点

（1）温度变化和屈服点的移动。
（2）温度下降则磁通密度增加、矫顽力减小。
（3）温度变化与可逆退磁。

图7-18 温度变化与屈服点的移动

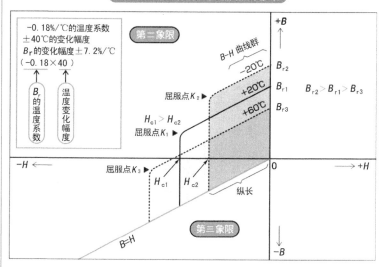

$-0.18\%/℃$的温度系数
$\pm40℃$的变化幅度
B_r的变化幅度$\pm7.2\%/℃$
(-0.18×40)

B_r的温度系数

温度变化幅度

第二象限

B-H 曲线群
$-20℃$
$+20℃$
$+60℃$

B_{r2}
B_{r1}
B_{r3}

$B_{r2}>B_{r1}>B_{r3}$

屈服点K_2 ▶
$H_{c1}>H_{c2}$
屈服点K_1 ▶

屈服点K_3 ▶

H_{c1}　H_{c2}

纵长

$-H$ ←
0
→ $+H$

第三象限

B-H

$+B$
$-B$

图7-19 温度变化与可逆退磁

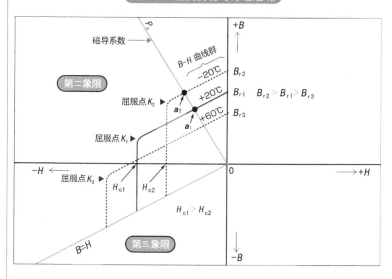

磁导系数

P_c

B-H 曲线群
$-20℃$
$+20℃$
$+60℃$

B_{r2}
B_{r1}
B_{r3}

$B_{r2}>B_{r1}>B_{r3}$

第二象限

屈服点K_2 ▶
a_2
屈服点K_1 ▶
a_1

屈服点K_3 ▶

H_{c1}　H_{c2}

$H_{c1}>H_{c2}$

$-H$ ←
0
→ $+H$

B-H
第三象限

$+B$
$-B$

7.3.3 永磁体的不可逆退磁

—— 一旦发生不可逆退磁，磁体的特性则不能复原

由于各向异性铁氧体永磁体 B-H 曲线的屈服点位于第二象限，依永磁体的工作点不同而异，若处于低温状态，则会引起不可逆退磁。

首先，针对图 7-20 所示永磁体的工作点位于可逆退磁范围内的场合加以说明。其中，负载线 P_{c1}（磁导系数）上的工作点 a_1 位于比常温 20℃ 的屈服点 K_1 高的位置，因此，将其降至 -20℃ 时，会向着如图 7-20 中虚线所示的 B-H 曲线上的 a_2 点移动。即使在这种场合，由于其工作点处于比屈服点 K_2 高的位置，假如再次返回至常温 20℃，工作点 a_2 会沿着 P_{c1} 线返回原来的 a_1。也就是说，它处于铁氧体永磁体的可逆工作范围内。如果处于此范围内，相对于温度变化，永磁体的特性具有再现性。

下面，让我们看看图 7-21 所示的情况，该磁回路的磁导系数 P_{c2} 比较小。如图中所示，常温 20℃ 的工作点位于屈服点附近 b_1（B_{d1}），因此，此工作点 b_1 假如在 -20℃，则沿着图中虚线所示的 B-H 曲线移动到 b_2 点。也就是说，位于比常温 20℃ 时的屈服点 K_1 高的位置的工作点，在温度为 -20℃ 时会偏离到比屈服点 K_2 低的位置。因此，即使温度再次返回到常温 20℃，也不能返回到原来的 b_1 点（B_{d1}）。像这种工作点从 b_1 点移动到 b_2 点，进一步移动到反冲线上的 b_3 点（B_{d3}），这便是不可逆退磁，发生的退磁量，可由图 7-21 由几何方法求出。

下面介绍操作步骤。首先，在常温 20℃ 和 -20℃ 的 B-H 曲线上的屈服点 K_1、K_2 间作切线 L，使二者相互连接，求出连线 L 与第三象限内连接 $B=H$ 点的连接线的交点 M，接着，用直线将该 M 点与 -20℃ 的工作点 b_2 相连接，与常温 20℃ 的 B-H 曲线的交点为 c_1。进一步，由此点 c_1 引与常温 20℃ 的 B-H 曲线平行线（反冲线），求出与 P_{c2} 的交点 b_3（B_{d3}），B_{d1} 与 B_{d3} 的差即为不可逆退磁量。

本节重点

(1) 在低温状态会引起不可逆退磁。
(2) 温度变化与不可逆退磁的关系。
(3) 不可逆退磁会引起磁回路的特性变化。

图7-20 温度变化与屈服点的移动

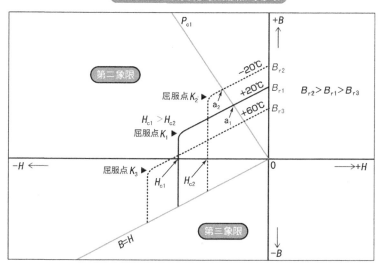

图7-21 温度变化与不可逆退磁

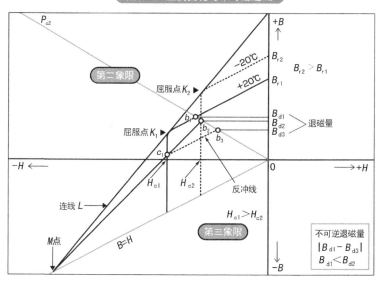

书角茶桌
永磁体的磁力不会因为使用而降低

被充磁的磁体，由于其自身具有强力磁能，因此会强烈吸引铁等铁磁性体。而且，磁体经一次充磁，即使不继续补充能量，也会继续保持磁吸引力。

这是非常不可思议的，也被看作是磁体得天独厚的特征。因此，古今中外的科学家、发明家等都曾经试图仅由磁体的组合，不必补给能量，而制作所谓的永动机。

但是，即使采用现代高度发展的科学技术，也不能制造出仅采用磁体的"永动机"，但使用磁体却可以节省电力。

例如，图7-22中所示的电磁铁马达就是其中的一例。如图中所示，其中磁场用线圈就仅由电磁铁构成。也就是说，其中所使用的磁体当然不需要磁极极性的变化。为此，这里使用的是永磁体。这样做，马达的磁场中就不需要流过励磁电流，可期待显著的节能效果。

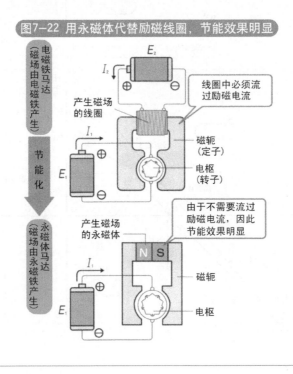

图7-22 用永磁体代替励磁线圈，节能效果明显

第 **8** 章

磁性材料的应用

8.1 各种电机都离不开磁性材料

8.1.1 电机使用量的多少是高级轿车性能的重要参数

——乘用车中永磁马达用得最多

电动机又叫马达，它由直流电机产生动力，经启动齿轮传递动力给飞轮齿环，带动飞轮、曲轴转动而启动发动机。众所周知，发动机的启动需要外力的支持，汽车电动机就是在扮演着这个角色。大体上说，电动机用三个部件来实现整个起动过程。直流电机引入来自蓄电池的电流并且使电动机的驱动齿轮产生机械运动；传动机构将驱动齿轮啮合入飞轮齿圈，同时能够在电动机启动后自动脱开；电动机电路的通断则由一个电磁开关来控制。其中，直流电机是电动机内部的主要部件。

而汽车上所需的马达个数可以作为衡量其性能的重要指标。

由于汽车工业已经成为国民经济发展的第五大支柱产业，它的发展必将带动一系列的产业，包括磁性材料行业。稀土永磁电机的最大应用市场之一是汽车工业。汽车工业是钕铁硼永磁应用最多的领域之一。在每辆汽车中，一般可以有几十个部位要使用永磁电机，如电动座椅、电动后视镜、电动天窗、电动雨刮、电动门窗、空调器等（图8-1）。随着汽车电子技术要求的不断提高，其使用电机的数量将越来越多。

本节重点
(1) 设计一台采用整流子的直流电机，其中何处采用软、硬磁材料？
(2) 说明鼠笼转子三相异步电动机中鼠笼、定子、导线分别采用何种材料？
(3) 采用永磁材料，如何实现无（电）刷直流电机？

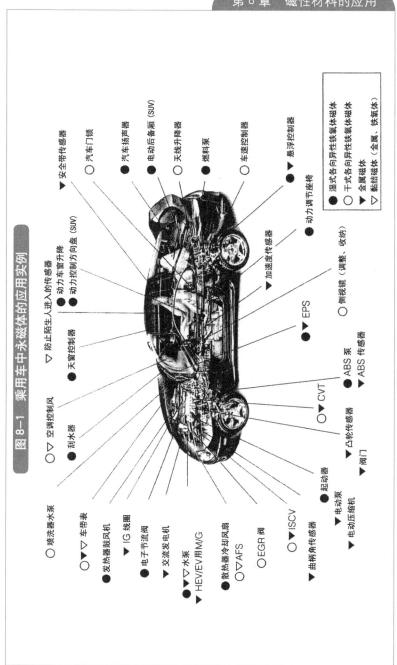

图8-1 乘用车中永磁体的应用实例

○ 喷洗器水泵
○▼ 车带表
● 发热器鼓风机
　　▼ IG 线圈
● 电子节流阀
　　▼ 交流发电机
●▼▽ 水泵
▼▽ HEV/EV 用 M/G
● 散热器冷却风扇
○▽ AFS
○ EGR 阀
○▼ ISCV
▼ 曲柄角传感器
　　▼ 电动压缩机
● 电动泵
○▽ 起动器
▼ 凸轮传感器
▼ 阀门
○▼ CVT
▼ ABS 泵
▼ ABS 传感器
○ 侧视镜（调整、收纳）
● EPS
● 加速度传感器

○▽ 空调控制风
● 刮水器
● 天窗控制器
▽ 防止陌生人进入的传感器
● 动力车窗升降
● 动力控制方向盘（SUV）

▼ 安全带传感器
○ 汽车门锁
● 汽车扬声器
● 电动后备箱（SUV）
● 天线升降器
● 燃料泵
○ 车速控制器
▼ 悬浮控制器
○ 动力调节座椅

● 湿式各向异性铁氧体磁体
○ 干式各向异性铁氧体磁体
▼ 金属磁体
▽ 黏结磁体（金属、铁氧体）

-197-

8.1.2 软磁材料和硬磁材料在电机中的应用
——永磁微电机的使用越来越多

　　软磁材料和硬磁材料在电机制造中都有广泛应用。没有磁性材料便没有发动机、电动机、变压器、各种各样的感应器件、记录存储器件等。

　　软磁材料（soft magnetic material）一般指具有低矫顽力和高磁导率的磁性材料。软磁材料易于磁化，也易于退磁，广泛用于电工设备和电子设备中。应用最多的软磁材料是铁硅合金（硅钢片）、铁镍合金（坡莫合金）以及各种软磁铁氧体等。图8-2表示采用软磁材料的直流电机3槽转子的工作原理。

　　硬磁材料（hard magnetic material）一般指磁化后不易退磁，而能长期保留磁性的一种磁性材料。对硬磁材料的磁特性主要有四方面的要求：高的最大磁能积（BH）$_{max}$、高的矫顽力（H_c）、高的剩余磁通密度（B_r）和高的剩余磁化强度（M_r）、高的磁性能稳定性。

　　软磁材料可在准静态或低频、大电流下使用，所以常用来制作电机、变压器、电磁铁等电器的铁芯。而硬磁材料则常常用于制作永磁电机中的磁铁，比如稀土永磁体用于制造电机。因稀土永磁电机没有励磁线圈与铁芯，磁体体积较原来磁场极所占空间小，损耗小，发热少，因此为得到同样输出功率，整机的体积、重量可减小30%以上，或者同样体积、重量，输出功率大50%以上。

　　永磁电机，尤其是微电机，每年世界产量约几亿台之多，主要用在汽车、办公自动化设备和家用电器中。所使用的多为高性能的铁氧体和稀土永磁体。

　　电刷、整流子的构造如图8-3所示。

本节重点
（1）举出软磁材料在电机中使用的实例。
（2）举出硬磁材料在电机中使用的实例。
（3）稀土永磁用于制造电机有哪些优势？

图 8-2 直流电机 3 槽转子的工作原理

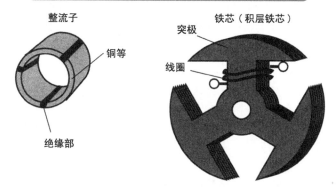

整流子

整流子

铜等

绝缘部

铁芯（积层铁芯）

突极

线圈

图 8-3 电刷、整流子的构造

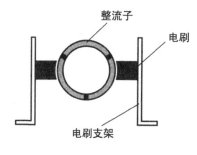

整流子

电刷

电刷支架

(a) 电刷、整流子的结构示意

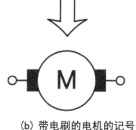

由于电刷、整流子采用 (a)
所示的结构，因此带电刷
的直流电机采用 (b) 的记
号表示

M

(b) 带电刷的电机的记号

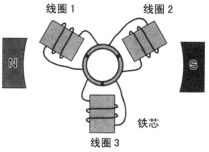

线圈 1

线圈 2

N

S

铁芯

线圈 3

(c) 3 槽电机转子中的线圈接线方式

8.1.3 直流电机和空心电机中使用的磁性材料
——综合考虑小型、节能、控制和拖动方便等各方面的要求

电动机有多种类型，直流电机（DC 马达）是其中的一种。直流电机按结构及工作原理可分为无刷直流电机和有刷直流电机。有刷直流电机可分为永磁直流电机和电磁直流电机。电磁直流电机又分为串励直流电机、并励直流电机、他励直流电机和复励直流电机。永磁直流电机又分为稀土永磁直流电机、铁氧体永磁直流电机和铝镍钴永磁直流电机。永磁式直流电机由定子磁极、转子、电刷、外壳等组成。

定子磁极采用永磁体（永久磁钢），有铁氧体、铝镍钴、钕铁硼等材料。按其结构形式可分为圆筒型和瓦块型等几种。录放机中使用的电动机多数为圆筒型磁体，而电动工具及汽车用电器中使用的电机多数采用砖块型磁体。

转子一般采用硅钢片叠压而成，较电磁式直流电机转子的槽数少。录放机中使用的小功率电机多数为 3 槽，较高档的为 5 槽或 7 槽。漆包线绕在转子铁芯的两槽之间（3 槽即有三个绕组），其各接头分别焊在换向器的金属片上。电刷是连接电源与转子绕组的导电部件，具备导电与耐磨两种性能。永磁电机的电刷使用单性金属片或金属石墨电刷、电化石墨电刷。

空心电机属于直流、永磁、伺服微特电机。空心电机具有突出的节能特性、灵敏方便的控制特性和稳定的运行特性，作为高效率的能量转换装置，代表了电机的发展方向。空心电机在结构上突破了传统电机的转子结构形式，采用的是无铁芯转子。空心电机具有十分突出的节能、控制和拖动特性。空心电机中的杯状转子中有永磁体，常见的有稀土永磁体和钴合金永磁体等。

本节重点

（1）说明有刷直流电机的工作原理。

（2）设计一种无刷直流电机。

（3）介绍空心电机的工作原理及其优点。

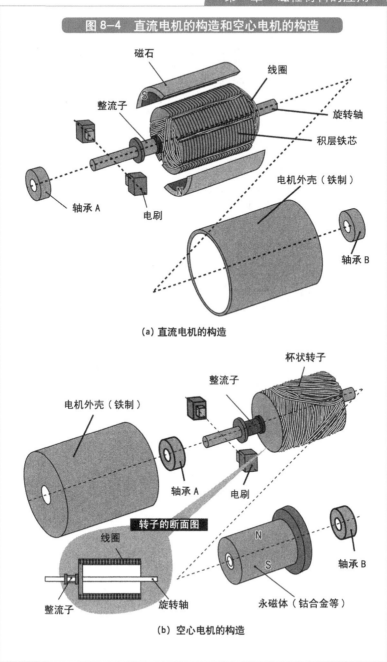

图 8-4　直流电机的构造和空心电机的构造

磁石

线圈

整流子

旋转轴

积层铁芯

电机外壳（铁制）

轴承 B

轴承 A

电刷

（a）直流电机的构造

杯状转子

整流子

电机外壳（铁制）

轴承 A

电刷

转子的断面图

线圈

N

S

轴承 B

整流子

旋转轴

永磁体（钴合金等）

（b）空心电机的构造

8.1.4 旋转电机、直线电机、振动电机中使用的磁性材料

——凡是电机均有定子和动子

旋转电机有直流电机与交流电机两大类，交流电机又有同步电机与异步电机之分，异步电机又可分为异步发电机与异步电动机。异步电动机按相数不同，可分为三相异步电动机和单相异步电动机。

最常用的直线电机类型有平板式、U 形槽式和管式。线圈的典型组成是三相，有霍尔元件实现无刷换相。

这三种电机本质上都是由动子和定子两部分组成的，其中直线电机也称线性电机，一般可以简单地认为是将旋转电机展平，而工作原理相同。

动子是用环氧材料把线圈压缩在一起制成的。而且，磁轨是把磁铁（通常是高能量的稀土磁铁）固定在钢上。在旋转电机中，动子和定子需要旋转轴承支撑动子以保证相对运动部分的气隙。同样地，直线电机需要直线导轨。

电机的运动部分和固定部分如图 8-5 所示，各种各样转子的形态如图 8-6 所示。

本节重点
（1）何谓直线电机？它与旋转电机有哪些区别？
（2）最常用的直线电机有哪几种类型？
（3）介绍一种典型直线电机的结构。

图 8-5　电机的运动部分和固定部分

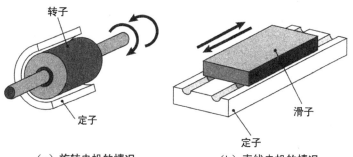

（a）旋转电机的情况　　　　（b）直线电机的情况

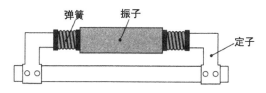

（c）振动电机的情况

图 8-6　各种各样转子的形态

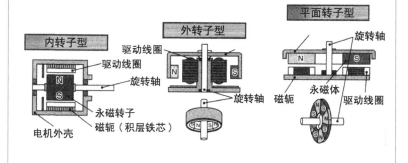

8.1.5 感应式电动机的原理和使用的磁性材料
——异步、感应、涡流、受力是感应电机的力量之源

感应电机（induction motor）是置转子于转动磁场中，因涡电流的作用，使转子转动的装置。感应电机在结构上主要由定子、转子、气隙组成。

定子由机座、定子铁芯和定子绕组三个部分组成。定子铁芯是电动机磁路的一部分，装在机座里。为了降低定子铁芯损耗，定子铁芯用0.5mm厚的硅钢片叠压而成，在硅钢片的两面还应涂上绝缘漆。定子绕组用绝缘的铜或铝导线（电磁线）绕成，嵌在定子槽内。机座主要是为了固定与支撑定子铁芯，端盖轴承还要支撑电机的转子部分。因此，机座应有足够的机械强度和刚度。对中、小型感应式电动机，通常用铸铁或铸铝机座。对大型感应式电动机，一般采用钢板焊接的机座。

转子主要由转子铁芯、转子绕组和转子轴组成。转子铁芯是磁路的一部分，它用0.5mm厚的硅钢片叠压而成，固定在转轴上，整个转子的外表呈圆柱形。转子绕组分为笼型和绕线型两类。导条材料有用铜的，也有用铸铝的。绕线型转子的槽内嵌放有用绝缘导线组成的三相绕组，一般都连接成Y形。转子绕组的三条引线分别接到三个集电环（滑环）上，用一套电刷装置引出来。

本节重点
（1）何谓感应电机？说明感应电机的工作原理。
（2）介绍三相异步电动机的工作原理。
（3）说明三相异步电动机的主要构件及其采用的材料。

图 8-7 Alago 圆板

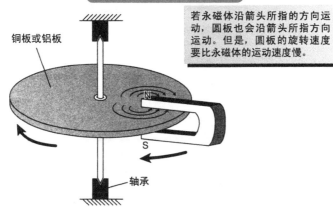

铜板或铝板

N

S

轴承

若永磁体沿箭头所指的方向运动，圆板也会沿箭头所指方向运动。但是，圆板的旋转速度要比永磁体的运动速度慢。

图 8-8 感应式电动机的原理

轴 B 旋转时，轴 A 在相对于轴 B 滑动的同时亦随之转动，故称其为"滑动"。

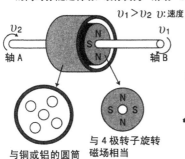

$v_1 > v_2$ v:速度

v_2

轴 A

v_1

轴 B

N
S
N

N
S
M
S
N

与铜或铝的圆筒鼠笼形转子相当

与 4 极转子旋转磁场相当

图 8-9 涡电流的原理

当铜板或铝板中有磁场穿过时，该金属圆板中会有涡电流产生，这种电流便会产生磁场。

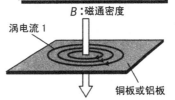

B:磁通密度

涡电流 1

铜板或铝板

用于产生旋转磁场的定子

图 8-10 感应式电动机的构造

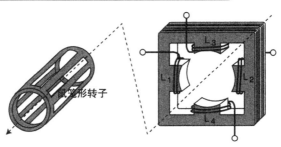

鼠笼形转子

L_3

L_1

L_2

L_4

8.2 音响设备和传感器用的磁性材料
8.2.1 电机和扬声器的工作原理是可逆的
——电机与发动机，扬声器与麦克风具有可逆性

永磁体的应用制品不胜枚举，常见的有电机、扬声器与麦克风（电动扬声器）等。无论哪种制品都是基于法拉第左手定则和右手定则，即物理效应的实际应用。

例如，扬声器就是通过音圈中流过与声音相对应的声音电流，使可动部分（纸盆）发生振动而发出声音[图8-11(a)]。它利用的是法拉第左手定则。而且，在这种情况下，若使可动部分的纸盆振动，在线圈内会产生感应电压，它便作为麦克风而动作[图8-11(b)]。这种现象可由法拉第右手定则来说明。

那么，电机的情况又是如何呢？如图8-12(a)所示，若向电机供应电力，电机便以一定速度旋转。也就是说电机按左手定则使转子产生旋转力。而且，在这种情况下，若使转子以某种方法发生旋转，则它变为发电机，如图8-12(b)所示，可以使灯泡点亮。

如此看来，扬声器及电机等磁气制品，通过改变其使用方法，既可以按法拉第左手定则又可以按法拉第右手定则来利用。称这种可完成正反两种功能的机构为可逆器件（元件）。

实际上，与扬声器和麦克风具有相似关系的，除了电机与发电机之外还有不少。例如磁头（记录磁头和再生磁头）、电磁铁和磁传感器等。这些都是在电磁场世界中成立的物理现象。但这些现象一般情况下并不伴随有可见光发生。因此一般白炽灯和日光灯不能作为光传感器而使用。

另外，可发生可逆变化的还有图8-13所示的发射天线和接收天线。乍一看，似乎与磁气无缘，但是，它也是极为重要的利用电磁能的制品。

本节重点

（1）何谓可逆元件？举出几个实例。

（2）利用可逆动作，麦克风也可以变成扬声器。

（3）利用可逆动作，电机也可以变成发电机。

图8-11　扬声器与麦克风的互逆变换(应用磁场力的制品可实现可逆的动作)

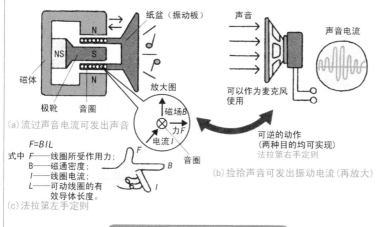

纸盆（振动板）

N

NS　S

N

磁体

极靴　音圈

放大图

声音

声音电流

可以作为麦克风使用

(a) 流过声音电流可发出声音

$F=BIL$

式中　F——线圈所受作用力；
　　　B——磁通密度；
　　　I——线圈电流；
　　　L——可动线圈的有
　　　　　　效导体长度。

(c) 法拉第左手定则

磁场B

力F

电流I

音圈

F

B

I

可逆的动作
(两种目的均可实现)
法拉第右手定则

(b) 捡拾声音可发出振动电流(再放大)

图8-12　电机和发动机的互逆变换

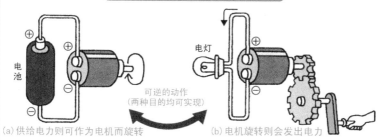

电池

电灯

可逆的动作
(两种目的均可实现)

(a) 供给电力则可作为电机而旋转

(b) 电机旋转则会发出电力

图8-13　发射天线与接收天线的互逆变换

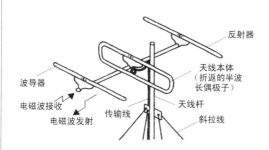

反射器

波导器

电磁波接收

电磁波发射

传输线

天线本体
(折返的半波
长偶极子)

天线杆

斜拉线

天线也是可逆元件，但发送天线要投入大的功率，与之相应，要采取各种各样的措施，因此从外观看，与接收天线有若干差异。

8.2.2 永磁扬声器的工作原理
——使用强力湿式铁氧体各向异性永磁体

使用永磁体的制品种类繁多，我们身边常见的有音频设备中使用的扬声器。它又包括电磁型和电动型两种方式，但从构造而言，电磁型（磁体型）扬声器由于声音特性差，因此现在电动型（dynamic loudspeaker）已成为主流。

图 8-14 是磁体型扬声器的结构图。从图中可以看出，它使用了大尺寸的 U 形永磁体。而且，在其两个端部，分别配设了电磁铁。其上若有电流流过，根据法拉第左手定则，必然产生机械能。顺便指出，由于扬声器中流过的是声音电流，与之对应的声音要在电枢中发生。但是，其电平是非常小的，要通过图中所示的传递棒传递到纸盆（振动放大器），以此提高音响能量。这种类型的扬声器于 20 世纪中期在无线电音响设备中曾广泛应用，但由于其音响特性差，还有需要流过大的电流以及电枢与磁极相接触等缺点，今天已不再使用。

与之相对，图 8-15 表示的电动型扬声器由于音响特性得到飞跃性提高，响应特性也好，还能对应进一步的大型化，因此，今天一提到扬声器基本上都是指电动型扬声器。图 8-16 所示是由图 8-15 发展的改良型，在磁回路的外侧，配设了铁氧体永磁体，在结构上加大了永磁体空间。因此，可以加大磁轭前端的磁通，由此可以制作更大功率的扬声器。而且，如果采用矫顽力高的湿式铁氧体磁体，还可以形成更强大的磁场。

本节重点

（1）永磁体型扬声器的结构。
（2）电动型扬声器的结构。
（3）使用铁氧体的电动型扬声器。

图8-14 磁体型扬声器的构造

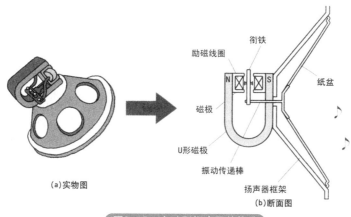

衔铁

励磁线圈

N S

纸盆

磁极

U形磁极

振动传递棒

扬声器框架

(a)实物图

(b)断面图

图8-15 电动型扬声器的构造

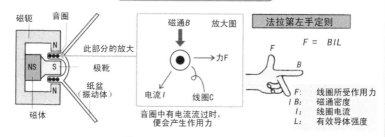

磁轭

音圈

N

S

N

NS

极靴

纸盆
（振动体）

磁体

此部分的放大

磁通B　放大图

→力F

电流I　　线圈C

音圈中有电流流过时，
便会产生作用力

法拉第左手定则

$F = BIL$

F

B

F: 线圈所受作用力
B: 磁通密度
I: 线圈电流
L: 有效导体强度

图8-16 使用铁氧体的电动扬声器

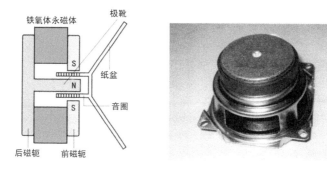

铁氧体永磁体

极靴

S

N

纸盆

音圈

S

后磁轭　前磁轭

8.2.3 利用霍尔元件测量场强

——小型且灵敏的半导体磁场测量元件

在磁电变换式的传感器中，尽管有采用电流磁场效应的元件，但目前使用最多的，是采用载流子迁移率大的化合物半导体磁传感器元件。而磁传感器元件的典型代表是霍尔元件及MRE（磁致电阻效应）元件。顺便指出，这里特别将霍尔元件的电流磁场效应称为霍尔效应，以便与磁致电阻效应相区别。

下面对磁电变换效应作简要说明。若向 InSb（锑化铟）、GaAs（砷化镓）等化合物半导体中给予磁能（输入磁通），其内部电阻、输出电压会发生变化，磁电变换传感器正是利用了这种效应。该效应引发的现象具有反应灵敏、响应速度快的特点，而且还能检测静磁场（磁通量不变化的直流磁场）。因此，霍尔元件适用于各种高速动作的磁开关、无刷电机（物整流子马达）等的磁极检测等，用途十分广泛。特别是对于直流电机的无整流子化来说，需要大量使用。

图 8-17 是说明霍尔元件作用的原理图。其中，使霍尔元件中流过电流 I_H，进一步在与该电流呈直角的方向给予磁能（磁通密度）B。此时输出端 d-c 间会产生电动势 V_H。此输出电压与磁通密度 B 成正比。这便是霍尔电压（V_H）。图 2 表示霍尔元件的输入输出特性（B-V_H）说明图。

另外，霍尔电压 V_H 可由式(8-1)给出，其中 K_H 为霍尔系数，θ 为磁通射入霍尔元件的倾角，K_e 为霍尔元件的不平衡系数。

$$V_H = K_H I_H B \cos\theta + K_e I_H \qquad (8-1)$$

实际上，由于霍尔元件的不平衡系数非常小，一般情况下可以忽略。因此，式(8-1)可以简略为式(8-2)。这样，如果读出电压 V_H，就能测量出磁通密度 B。

$$V_H = K_H I_H B \cos\theta \quad (V_H \gg K_e I_H) \qquad (8-2)$$

本节重点
(1) 霍尔元件的工作原理。
(2) 霍尔元件的输入输出特性。
(3) 霍尔元件的应用。

图8-17 霍尔元件的工作原理说明图

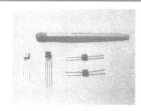

(a)霍尔元件产品实例

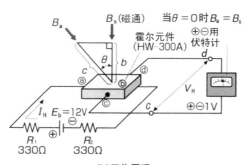

(b)工作原理

图8-18 霍尔元件的输入输出特性(B-V_H)说明图

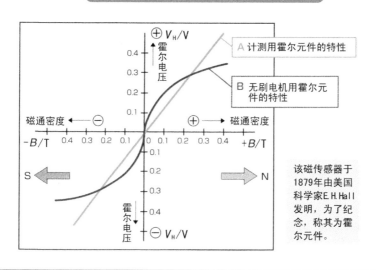

8.2.4 高斯计（磁强计）

——测量磁场（磁感应）强度的仪器

所谓高斯计，又称磁强计或磁通密度计，是测量磁感应强度或磁通密度的仪器，与其十分类似的还有磁通计。二者都是与磁力线密切相关的，因此初学者有时容易混淆，它们的区别在于磁感应强度和磁通量的不同。也就是说，前者显示的是某一位置的磁场的强度。而后者显示的是磁通量，即磁力线的数量。因此，举例来说，即使磁场水平很强，假如磁通量少，也不能发出大的磁力（磁气能）。

但是，磁力线与光和声不同，不能被我们的感觉器官直接感知。事实上，磁气能（磁力线）存在于地球上的所有位置，我们的身体也无时无刻受到磁力线的些许影响。如此，我们的眼睛和耳朵虽不能感知磁气能，但也可以利用各种各样的物理现象，被间接的方式所探知。可以胜任这种工作的便是磁传感器。顺便指出，磁传感器有许多种类，依使用目的、所要求的精度，可以作最佳选择。其中最常使用的磁传感器，是采用霍尔元件的高斯计，即磁强计或磁通密度计。这种磁强计可以探测 10^{-7}T 量级的磁气能。关于霍尔元件的工作原理见 8.2.3 节。

高斯计（磁强计）与高斯计中的探针如图 8-19 所示。高斯计也有各种各样的类型，图 8-19（a）是以霍尔元件作为磁场检测用传感器而组成的测量仪。探针一般做成在小面积空间和狭窄场所也能使用的形状，图 8-19（b）是尖端细长的针状探针。

图 8-20 给出了针对各种不同位置的磁通密度的检测方法。图 8-20（a）是针对装置于转子内的永磁体磁场水平的检测。图 8-20（b）是电磁铁的间隙间的检测，图 8-20（c）是永磁体外周面的磁场检测，图 8-20（d）是将探针端部插入线圈内部对线圈内的磁场检测。

图 8-21 表示实际的磁场水平及与之对应的磁传感器的名称。

本节重点

（1）如何测量磁通密度（磁感应强度）？
（2）使用霍尔元件的磁传感器。
（3）各种位置的磁通密度测量。

图8-19 何谓高斯计(磁强计)

(a)高斯计(磁强计)

(b)高斯计中的探针

图8-20 利用探针对各种不同位置的磁通密度进行探测的方法

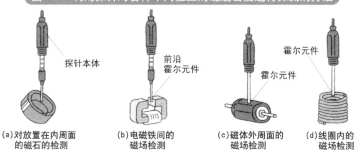

探针本体

前沿
霍尔元件

霍尔元件

霍尔元件

(a)对放置在内周面
的磁石的检测

(b)电磁铁间的
磁场检测

(c)磁体外周面的
磁场检测

(d)线圈内的
磁场检测

图8-21 磁场水平和对应的磁传感器

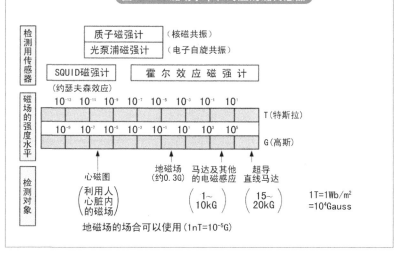

检测用传感器	质子磁强计 (核磁共振)
	光泵浦磁强计 (电子自旋共振)
	SQUID磁强计 霍尔效应磁强计
	(约瑟夫森效应)

| 磁场的强度水平 | 10^{-13} 10^{-11} 10^{-9} 10^{-7} 10^{-5} 10^{-3} 10^{-1} 10^{1} | T(特斯拉) |
| | 10^{-9} 10^{-7} 10^{-5} 10^{-3} 10^{-1} 10^{1} 10^{3} 10^{5} | G(高斯) |

| 检测对象 | 心磁图 (利用人心脏内的磁场) | 地磁场 (约0.3G) | 马达及其他的电磁感应 ($1\sim10$kG) | 超导直线马达 ($15\sim20$kG) | 1T=1Wb/m² =10⁴Gauss |

地磁场的场合可以使用(1nT=10^{-5}G)

-213-

8.2.5 磁通计 (fluxmeter)

——测量磁通量的方法

在与磁力相关的装置中，肯定会出现磁力线和磁通这些专门用语，这里的磁通 (flux) 是指由永磁体及电磁铁所产生的磁气能，该数值与磁回路的设计直接相关。因此，必须设法知道该磁通量。磁通计正是为这种目的而开发的检测仪器（图8-22）。简单地说，这种检测器的工作原理就是利用探测线圈捕捉磁通变化，并将由此产生的感应电压对时间积分，最后读取线圈锁闭的磁通量。

图 8-23 是磁通计的原理说明图，其中传感器中采用图8-23 中所示的探测线圈 S，用来探测由磁体产生的磁通的变化。其主要构成是直流放大器和 CR 积分回路，在传感器中给予磁通的变化，由此感应的电压 e_i 对时间积分，并将与此锁闭的磁通量成正比的电压以峰值伏特数的形式，由电子回路来读取。

在图 8-23 所示的基本电路中，由于磁通变化 Φ (Wb)，在探测线圈 S 中感应的电压 e_i (V)，由式（8-3）表示。对式（8-3）的两边进行时间积分，得到式（8-4）。也就是说，通过对 e_i 进行积分，可求出 Φ。另外，由于 e_i 的作用，流动的电流 i (A) 经运算放大器后，电流放大倍数非常大，而且输入阻抗也非常高，因此用式（8-5）表示，所有的电流对电容器 C (F) 充电。因此运算放大器的输出为 e_0，有 $e_0 = e_c + e_i$，其中 $e_c \gg e_i$，因此 e_0 可由式（8-6）表示。接着，将式（8-3）和式（8-5）代入式（8-6），得到式（8-7），则 e_0 成为与磁通 Φ 成比例的值。如有必要，通过指示计 V 可显示线圈的锁闭磁通数（$N\Phi$）。

$$e_i = -N\frac{\mathrm{d}\Phi}{\mathrm{d}t} \tag{8-3}$$

$$\int e_i \mathrm{d}t = -N\int \frac{\mathrm{d}\Phi}{\mathrm{d}t} = -N\Phi \tag{8-4}$$

$$I = \frac{e_i}{R} \tag{8-5}$$

$$e_0 = e_c + e_i = -e_c = \frac{-q}{C} = \frac{1}{C}\int I\mathrm{d}t \tag{8-6}$$

$$e_0 = \frac{N}{CR}\int \frac{\mathrm{d}\Phi}{\mathrm{d}t}\mathrm{d}t = \frac{N\Phi}{CR} \tag{8-7}$$

图 8-24 表示利用此方法对各种各样形状的磁体进行磁通测量的布置。

本节重点

（1）指出磁强计与磁通计的异同点。

（2）磁通量的测量原理。

（3）永磁体磁通量的测量原理。

图8-22　磁通计的一例

图8-23　磁通计的测量原理（基本回路）由于磁通变化,在检测线圈中产生 e 的电压

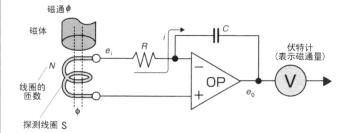

图8-24　磁体的磁通量检测法

N—检测线圈的匝数;C—积分电容;V—输出电压器;
OP—运算放大器(operational amplifier);

所谓磁通计(flux meter)是用于检测磁体等的磁通量的仪器。其工作原理是,籍由检测线圈捕捉磁通变化,并对其发生的感应电压进行时间积分,再由此读取交链磁通量。

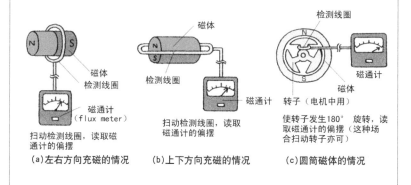

扫动检测线圈,读取磁通计的偏摆

（a)左右方向充磁的情况

扫动检测线圈,读取磁通计的偏摆

（b)上下方向充磁的情况

使转子发生180° 旋转,读取磁通计的偏摆（这种场合扫动转子亦可)

（c)圆筒磁体的情况

8.2.6 利用永磁传感器检测假币

——对磁致电阻（MR 元件）施加偏置磁场以提高检测灵敏度

银行用的 ATM 机及外币兑换机，还有自动售货机等，凡是纸币插入的装置，都要使用精密的磁传感器（MR 元件，图 8-25）。这是为判别纸币的真伪所必需的，具体来讲，是为了暗中读取印刷在纸币上的目不可见的微弱磁质图形。而且，这里采用的所谓 MR 元件，是藉由磁力使导体中的内阻发生变化的特殊的磁传感器。

但是，如果仅用 MR 元件（单体），由于是在低磁场下检测，因此感度（灵敏度）低，也没有磁极的判别作用。因此，需要在通常的 MR 元件上施加偏置磁场，使其在磁场灵敏度高的工作点下使用。

尽管 MR 元件自身可以做到几个毫米见方的小型化，但是要配之以大尺寸的永磁体，元件整体就会很大，封装后缺乏轻薄短小的机敏性。而磁能积高，可以做到小型，且强磁场的稀土永磁的出现，为这种 MR 元件的应用创造了极好的条件。

图 8-26 是附加偏置永磁体的 MR 元件的工作原理，从图 8-26 中可以看出，在 MR 元件的下侧使用了稀土永磁。

图 8-27 表示 MR 元件的输出特性。其中，图 8-27（a）表示偏置磁场为零情况下的特性。从图 8-27 中可以看出，其检出磁场与 N、S 无关，表现为同一方向的电阻变化。也就是说，在这种状态下，不能进行磁极的判别。而且输出变化也小，一般情况下不能使用。此外，这种场合的输出特性由式（8-8）表示。

$$R=R_0 \ (1+mB^2) \qquad\qquad (8-8)$$

式中，R 为 MR 元件的电阻值；R_0 为磁场为零时的内部电阻；B 为磁通密度；m 为置于零磁场的系数。

再看图 8-27（b），该图所表示的是在 MR 元件下方施加偏置磁场情况下的输出特性。从图 8-27 中可以看出，它的工作点位于斜率很大的线性区，由于变化快，因此检测灵敏度高。

如上所述，通过使 MR 元件的工作点发生移动，可以大大提高检测磁场的灵敏度。此外，这种场合的输出特性由式（8-9）表示。

$$R=R_B \ (1+m_B B) \qquad\qquad (8-9)$$

式中，R_B 为施加偏置磁场时的内部电阻；m_B 为施加偏置磁场时的系数。

本节重点

（1）判别纸币真伪的 MR 元件。

（2）MR 元件的作用原理。

（3）施加（不施加）偏置磁场的 MR 元件的输出特性。

图8-25 MR元件(MRS-F系列)

图8-26 附加偏置永磁体的MR元件的工作原理

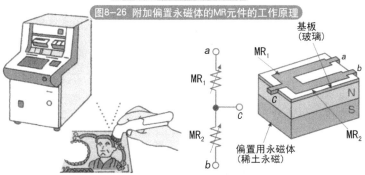

图8-27 MR元件的输出特性

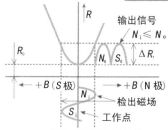

a)不加偏置磁场的情况

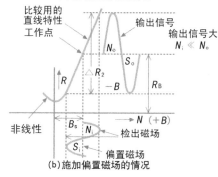

(b)施加偏置磁场的情况

8.2.7 铁氧体温控开关

——由热敏铁氧体简单地制作温控开关

作为供暖设备中日常加热的保护装置，经常使用采用热铁氧体的感温开关。它虽然也是一种传感器，但其内部不需要电子回路和特设电源。在人们的一般印象中，它似乎与一般的电气开关并无大的差异。图 8-28 表示使用热铁氧体的感温开关的工作原理。如图 8-28 所示，在磁导线开关 (lead switch) 中就组合了感温性铁氧体磁体。

如同在 2.1.1 节所述，对于含铁氧体在内的全体磁性体来说，都存在居里点（居里温度）。因此，一旦超过此温度，即使所谓的铁磁性体也会变为顺磁性的，从而丧失磁性。也就是磁力线不易通过。积极地利用这一原理，人们发明了热铁氧体感温开关（图 8-29），其在居里温度以下为常闭型开关。

特别是这种特性通过铁氧体原材料的改变可以任意选择。因此，其特性可根据必要的使用温度进行调整。

在此，由于热敏铁氧体 M_2 超过居里点，热敏铁氧体 M_2 变成顺磁性体。因此，磁体 M_1、M_2 的磁通描出如图 8-30 (a) 所示的小环，不能使磁性弹簧片接触。也就是说，开关断开。

与之相对，图 8-30 (b) 所示为低温，即周围温度比热铁氧体的温度低，M_2 不会失去铁磁性，其磁通会通过热磁铁氧体 M_2 而集束。这样，由磁体 M_1、M_3 产生的磁通会描出大的环，致使磁性弹簧片闭合（接触）。

本节重点

(1) 使用热铁氧体的温度开关。

(2) 使用热铁氧体的感温开关。

(3) 磁性弹簧片开关的原理。

图8-28 使用热铁氧体的感温开关

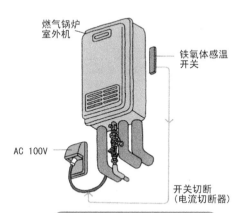

燃气锅炉
室外机

铁氧体感温
开关

AC 100V

开关切断
（电流切断器）

图8-29 使用铁氧体的感温开关

（使用热铁氧体）

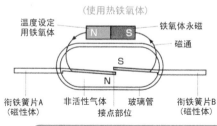

温度设定
用铁氧体

铁氧体永磁

磁通

S

N

衔铁簧片A
（磁性体）

非活性气体
接点部位

玻璃管

衔铁簧片B
（磁性体）

图8-30 使用热铁氧体的温度开关的原理图

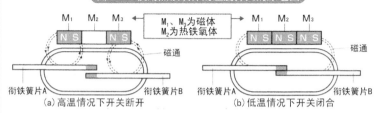

M_1、M_3为磁体
M_2为热铁氧体

磁通

磁通

衔铁簧片A

衔铁簧片B

衔铁簧片A

衔铁簧片B

（a）高温情况下开关断开

（b）低温情况下开关闭合

　　在感温材料（$NdCo_5 \cdot DYC_5$等）中，存在易磁化轴方向急剧变化的温度（例如53℃）。这种现象被称为温度诱发回旋型自旋再排布现象。利用这种现象，以某一温度为界，可以对磁体的吸引力进行切换。

8.3 磁记录材料

8.3.1 磁记录密度随年度的推移

——各种存储（记录）技术处于激烈的竞争中

1898 年，丹麦工程师 Paulsen 利用可磁化的钢丝记录声音，发明了磁记录技术。1932 年，Ruben 用 Fe_3O_4 粉末和黏合剂涂成磁带。1954 年，M.Cameras 发明了制造针状 γ-Fe_2O_3 磁粉的工艺，随后,渐渐代替了粒状的 Fe_3O_4 磁粉，使磁带的性能稳定，易于长期使用和存放，价格低廉，为磁记录迅速发展打下了基础。

最早的计算机硬盘是 20 世纪 50 年代末由 IBM 公司生产的 RAMAC (random access method of accounting and control)。最初的几代硬盘采用的存储媒介是将 γ-Fe_2O_3 磁性颗粒散布在黏结剂中所形成的颗粒膜，利用环形磁头的电磁感应效应来实现读写，磁性颗粒中的磁矩平行于硬盘表面方向，称为水平磁记录方式。随后，用连续 Co—Cr 基磁性薄膜替代了 γ-Fe_2O_3 颗粒膜，进一步提高了水平磁记录的性能和密度。2005 年，垂直磁记录方式的硬盘记录密度超过 130Gb (1Gb=0.795775A) /in^2 (1in=0.0254m)，已接近水平磁记录方式的超顺磁极限 (150Gb/in^2)。

纵观硬盘的发展历程，从 1957 年第一代体积庞大、价格昂贵、存储容量限于 5Mb、记录面密度为 2kb/in^2 的 "IBM 305 RAMAC"，到现今直径 3.5in 或更小，记录面密度达 178Gb/in^2(实验室中已超过 600Gb/in^2) 的大容量硬盘，在短短的 50 多年时间内，硬盘记录密度已提高逾亿倍！同时，硬盘这种磁记录方式具有性能可靠、使用方便、成本低廉、易于保存和适合次数极多的重复写入等特点，从而使得它较之固态硬盘 (SSD)、闪存 (flash memory)、光盘等存储方式具有绝对优势。

硬盘 (HDD) / 内存面记录密度相互竞争的发展态势如图 8-31 所示，磁盘读写机构的结构如图 8-32 所示。

本节重点

(1) 对硬盘 / 内存面记录密度的最新进展进行对比。

(2) 介绍磁记录介质和磁记录方式的发展演变史。

(3) 介绍磁盘读写机构及其工作原理。

图 8-31 硬盘（HDD，细线）/ 内存（粗线）面记录密度相互
竞争的发展态势

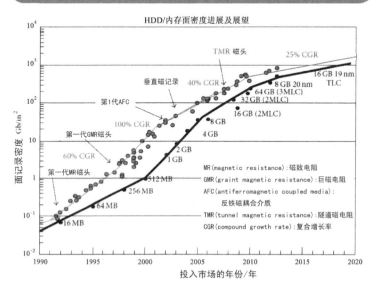

图 8-32　磁盘读写机构的结构

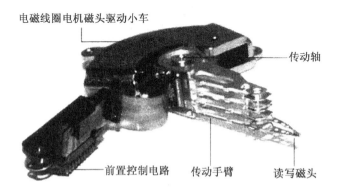

8.3.2 硬盘记录装置的构成

——磁头盘片组件是构成硬盘的核心

硬盘记录装置由磁头、盘片、主轴、电机、接口及其他附件组成，其中磁头盘片组件是构成硬盘的核心，它封装在硬盘的净化腔体内，包括有浮动磁头组件、磁头驱动机构、盘片、主轴驱动装置及前置读写控制电路等几个部分。

磁头组件是硬盘中最精密的部位之一，它由读写磁头、传动手臂、传动轴三部分组成。磁头的作用就类似于在硬盘盘体上进行读写的"笔尖"，通过全封闭式的磁阻感应读写，将信息记录在硬盘内部特殊的介质上。硬盘磁头的发展先后经历了"亚铁盐类磁头""MIG 磁头"和"薄膜磁头""MR 磁头（磁阻磁头）"等几个阶段。前三种传统的磁头技术都是采取了读写合一的电磁感应式磁头，造成了硬盘在设计方面的局限性。第四种磁阻磁头在设计方面引入了全新的分离式磁头结构，写入磁头仍沿用传统的磁感应磁头，而读取磁头则应用了新型的MR 磁头，即所谓的感应写、磁阻读，针对读写的不同特性分别进行优化，以达到最好的读、写性能。现在的磁头实际上是集成工艺制成的多个磁头的组合，它采用了非接触式头、盘结构，施加电压后在高速旋转的磁盘表面移动，与盘片之间的间隙只有 $0.1 \sim 0.3 \mu m$，这样可以获得很好的数据传输率。

硬盘的盘片大都是由金属薄膜磁盘构成，这种金属薄膜磁盘较之普通的金属磁盘具有更高的剩磁和高矫顽力，因此也被大多数硬盘厂商所普遍采用。除金属薄膜磁盘以外，目前已经有一些硬盘厂商开始尝试使用玻璃作为磁盘基片。

硬盘（HDD）存储装置及其主要构成部分如图 8-33 所示，构成硬盘驱动装置及磁头的主要部件如图 8-34 所示。

本节重点

（1）硬盘记录装置由哪几部分组成？

（2）磁头由哪几部分组成？介绍硬盘磁头的发展过程。

（3）介绍硬盘盘片组成及对材料的要求。

图 8-33　硬盘（HDD）存储装置及其主要构成部分

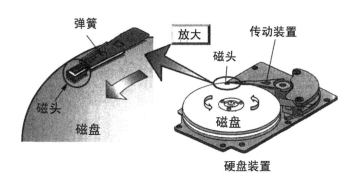

图 8-34　构成硬盘驱动装置及磁头的主要部件

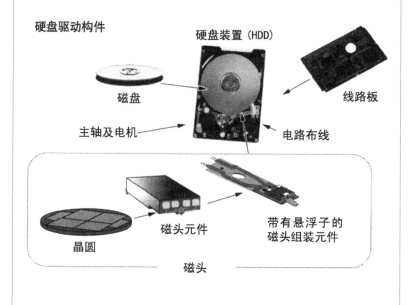

8.3.3 垂直磁记录及其材料
——提高记录密度的有效手段

1979年岩崎俊一等研制双层薄膜（Co-Cr与Fe-Ni）磁记录介质获得成功，这被认为对垂直磁记录的研究有关键意义。

垂直磁记录得名于所记录的磁信号是垂直于磁记录介质表面。或者说，被记录信号所磁化的"小磁体"是处在磁介质厚度方向上。它跟目前常用的纵向磁记录相比，具有两个极为突出的特点：一是随着记录波长的缩短即记录密度的提高，它几乎不存在自退磁效应，退磁场为零；二是它不存在环形磁化现象，因此，它可以有极高的磁记录线密度。

图8-35表示水平磁记录方式与垂直磁记录方式的对比。在水平磁记录介质中，随着磁密度的增加，退磁场增强，形成环形磁矩（circular magnetization），导致读出信号严重衰减；而在垂直磁记录介质中，两个相邻的、反向排布的磁记录单元会由于静磁相互作用而变得更稳定。此外，由于垂直磁记录中采用单极写磁头结合软磁层（SUL）的写入方式，使得写入场及其梯度有效增加，有利于高密度数据写入。

两种正在开发的电流垂直膜面的磁头器件（图8-36）如下。

（1）TMR隧道结。当存储密度为$100 \sim 300$Gbit/in^{2}时，可用"Fe/MgO/Fe"这种构型的隧道结（三明治结构，中间为绝缘层）。

（2）CPP-GMR巨磁电阻器件。中间需要用导电性材料，当存储密度为$300 \sim 500$Gbit/in^{2}时，可选用"FeCo/Cu/FeCo"的磁致电阻结构。

本节重点
（1）何谓水平记录方式？画图表示磁头与磁记录介质的关系。
（2）何谓垂直记录方式？画图表示磁头与磁记录介质的关系。
（3）指出感应磁头和MR（磁致电阻）磁头在工作原理和结构上的差异。

图 8-35 水平磁记录方式与垂直磁记录方式的对比

（图中的 GMR 磁头已被 TMR 磁头替代）

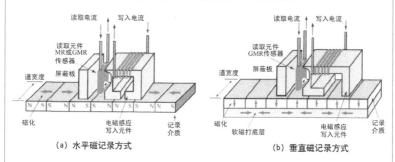

（a）水平磁记录方式　　　　　　　（b）垂直磁记录方式

图 8-36 两种正在开发的电流垂直膜面的磁头器件

膜面内水平方向电流型（CIP）

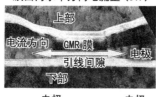

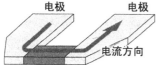

方向电流型（CPP）

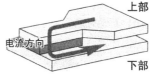

8.3.4 热磁记录及其材料
——将激光加热与磁性写入相结合

对于垂直磁记录技术，随着面密度增长到 600Gb/in^2，要想进一步突破 1Tb/in^2 的目标，以 CoCrPt-SiO$_2$ 为磁记录介质同样会面临热稳定性问题。热稳定性极限与 $K_u V/k_B T$ 成正比（K_u 为磁晶各向异性系数；V 为晶粒或记录单元体积；k_B 为玻耳兹曼常数，1.38×10^{-23}J/K；T 为热力学温度），因此，克服热干扰的方法是在垂直磁记录方式的基础上，改进材料性能，引进新的记录技术，即增大 K_u 或 V。具体包括：采用 K_u 大的 L1$_0$-FePt 材料作为记录介质，并将激光加热与磁性写入结合，即采用热辅助磁记录方式（HAMR）解决写入问题；或者制备体积 V 均匀的比特图形介质（BPM），材料为 L1$_0$-FePt 或 Co-Cr-Pt 基薄膜。

热辅助磁记录利用了铁磁介质的温度对磁化的影响，采用升温的方法改善存储介质写入时特性的技术。记录介质在升温后矫顽力下降，以便来自磁头的磁场改变记录介质的磁化方向，从而实现数据记录。与此同时，记录单元也迅速冷却下来，使写入后的磁化方向得到保存。

磁记录存在"三难点"（trilemma）之说，分别为写能力、信噪比（SNR）和热衰减。这三个要素之间相互制约、相互影响，是研究改善磁记录技术的基础和着手点。人们预测下一代磁记录方式的发展方向主要有叠层瓦片式存储（shingled recording）、图形介质存储（bit patterned media）、热辅助磁存储（heat assisted magnetic recording）。而这些可能的磁记录方式中，垂直磁记录的本质并没有改变，而写磁头仍将使用单极型写磁头。

本节重点

(1) 简要介绍热辅助磁记录方式。
(2) 说明磁记录"三难点"之说的含义。
(3) 简要介绍下一代磁记录方式的发展方向。

图 8-37 通常温度下热磁记录可写入读出数据的布置及介质

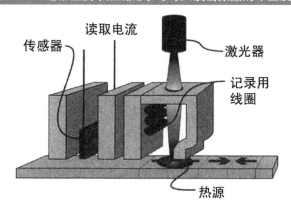

传感器　读取电流　激光器　记录用线圈　热源

图 8-38 高记录密度用单一道次的热磁记录方式

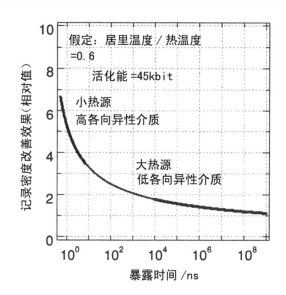

假定：居里温度／热温度
=0.6

活化能=45kbit

小热源
高各向异性介质

大热源
低各向异性介质

记录密度改善效果（相对值）

暴露时间 /ns

（将热集中于数十纳米的范围内，使可变为热的光源更高效率化）

8.4 光磁记录材料
8.4.1 光盘与磁盘记录特性的对比
——二者相比各有高下，应取长而用

与磁存储技术相比，光盘存储技术的特点如下。

（1）存储密度高。光盘的道密度比磁盘高十几倍。

（2）存储寿命长。只要光盘存储介质稳定，一般寿命在10年以上，而磁存储的信息一般只能保存3～5年。

（3）非接触式读写。光盘中激光头与光盘间有1～2mm距离，激光头不会磨损或划伤盘面，因此光盘可以自由更换。而高密度的磁盘机，由于磁头飞行高度（只有几微米）的限制，较难更换磁盘。

（4）信息的载噪比（CNR）高。载噪比为载波电平与噪声电平之比，以分贝（dB）表示。光盘的载噪比可达到50dB以上，而且经过多次读写不降低。因此，经光盘多次读出的音质和图像的清晰度是磁盘和磁带无法比拟的。

（5）信息位的价格低。由于光盘的存储密度高，而且只读式光盘如CD或LV唱片可以大量复制，它的信息位价格是磁记录的几十分之一。

（6）读取速度受限。光盘在具有1Gb以上容量时，其记录读出速度一般为400～800kb/s，与同一水平的磁盘的速度相比，要慢得多。读取速度的瓶颈问题，限制了光盘性能的发挥。

光盘在擦拭、重写的性能上还远不能与磁盘竞争。

本节重点
（1）与磁存储技术相比，光盘存储技术有哪些特点？
（2）何谓信息的载噪比（CNR）？比较磁存储与光盘存储的CNR。
（3）限制光盘性能发挥的主要瓶颈是什么？

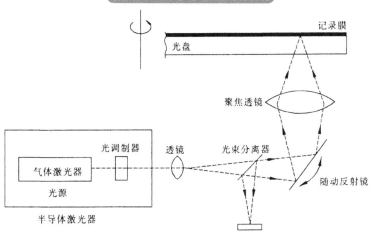

图8-39 光学系统基本构成

表8-1 光源用激光器的特性实例

项目		半导体激光器[①]	气体激光器	
			Ar 离子	He-Ne
功能		记录/再生	记录	再生
波长/μm		0.78～0.83	0.458	0.633
直接调制		可	不可	不可
光出力 /mW	记录	20～30	约300	—
	再生	1～10	—	约5
偏光特性		直线	直线	直线/椭圆

① 由一个半导体激光器即可完成记录、再生、消除等，而且还能实现直接调制。因此，半导体激光器正成为光磁记录的主要激光光源。

8.4.2 光盘信息存储的写入、读出原理
——信息写入、读出的原理

光盘存储技术是利用激光在介质上写入并读出信息。这种存储介质最早是非磁性的，以后发展为磁性介质。在光盘上写入的信息不能抹掉，是不可逆的存储介质。用磁性介质进行光存储记录时，可以抹去原来写入的信息，并能够写入新的信息，可擦、可写、可反复使用。

有一类非磁性记录介质，经激光照射后可形成小凹坑，每一凹坑为一位信息。这种介质的吸光能力强、熔点较低，在激光束的照射下，其照射区域由于温度升高而被熔化，在介质膜张力的作用下熔化部分被拉成一个凹坑，此凹坑可用来表示一位信息。因此，可根据凹坑和未烧蚀区对光反射能力的差异，利用激光读出信息。

工作时，将主机送来的数据经编码后送入光调制器，调制激光源输出光束的强弱，用以表示数据1和0；再将调制后的激光束通过光路写入系统到物镜聚焦，使光束成为1大小的光点射到记录介质上，用凹坑代表1，无坑代表0。读取信息时，激光束的功率为写入时功率的1/10即可。读光束为未调制的连续波，经光路系统后，也在记录介质上聚焦成小光点。无凹坑处，入射光大部分返回；在凹坑处，由于坑深使得反射光与入射光抵消而不返回。这样，根据光束反射能力的差异将记录在介质上的"1"和"0"信息读出。制作时，先在有机玻璃盘基上做出导向沟槽，沟间距约1.65μm，同时做出道地址、扇区地址和索引信息等，然后在盘基上蒸发一层碲硒膜。系统中有两个激光源，一个用于写入和读出信息，另一个用于抹除信息。

碲硒薄膜构成光吸收层，当激光照射膜层接近熔化而迅速冷却时，形成很小的晶粒，它对激光的反射能力比未照射区的反射能力小得多，因而可根据反射光强度的差别来区分是否已记录信息。

记录信息的抹除可采用低功率的激光长时间照射记录信息的部位来进行。

各类光盘记录、再生、擦除的原理及主要记录材料见表8—2。

本节重点
(1) 说出光盘信息存储的原理，何谓居里点方式和补偿点方式写入？
(2) 用磁性介质进行光存储记录，可擦、可写、可反复利用。
(3) 介绍直读型、一次写入型、可擦除重写型光盘的工作原理和所用材料。

表 8-2　各类光盘记录、再生、擦除的原理及主要记录材料

光盘类型	记　录	再生	消除	主要的记录材料
再生专用或直读型	形成沟槽(凹坑) 记录用 反射膜 基板 (光强度大)(光强度小)	光强度变化	—	反射膜 Al
	开孔 记录膜 记录用 基板 光 (光强度大)(光强度小)	光强度变化		(1) 长寿命(100 年左右) (2) Te-Se 系, Te-C 溅射膜 花青染料
	内部变形 记录用(气泡) 记录膜 基板 光(光强度小) (光强度大)	光强度变化		金属反射膜:Au,Al 色素膜:花青染料
	发生相变 记录用 记录膜 基板 (光强度小) (光强度大)	光强度变化		$TeO_x + Pb$
	相互扩散 记录用[合金层(Ⅲ)] 合金层(Ⅰ) 合金层(Ⅱ) 基板 (光强度小) (光强度大)	光强度变化	—	(1) 长寿命 (2) 记录层:Bi_2Te_3 [合金层(Ⅰ)] 反射·隔热层 Sb_2Se_3 [合金层(Ⅱ)]
可擦除重写型	光磁记录(高温+反向磁场) 记录用 垂直磁化膜 基板	磁克尔效应	高温+正向磁场	(1) 对于重写是必不可少的 (2) 铁磁性体 Mn-Bi Cd-Tb-Fe Tb-Fe-Co
	相变型(高温+急冷) 记录用(非晶态) 相变制导膜 基板 (光强度大)(光强度小)	光强度变化	结晶化(低温-除冷)	(1) 对于重写是必不可少的 (2) Ge-Tb-Sb 系 (例如 GeTe-Sb_2Te_3) Ge-Te-Sn 系 In-Sb-Te 系

8.4.3 可擦除、重写光盘
——信息擦除、重写的原理

可擦除重写的光盘存储器中接近商品化的记录机理主要有光磁记录与非晶态⟷晶态转换记录两种。两者相比，又以光磁记录更为成熟并且可能最早实用化。

所谓光磁记录就是在磁化方向一致的记录介质上，被激光照射的局部温度上升到居里点时，在一个恒定的外部磁场的作用下，使原来与外部磁场方向相反的磁化方向 M 在局部范围转向外磁场的方向。这样在读出时，用偏振激光照射在不同磁化方向的膜层上。由于克尔效应（反射光检出）或法拉第效应（透射光检出），其反射光或透射光将因局部范围的磁化方向而与一般方向相反，其偏振方向旋转角度为二倍克尔旋转角。这样在通过检偏镜时，光强将产生变化而读出信息。而需再生时，只需将光盘重新磁化。

利用居里温度（T_c）写入，磁性膜中需要记录的部分被激光照射加热，温度上升到 T_c 以上，该部分变为非磁性的，在其冷却的过程中，受其周围基体反磁场的作用，会发生磁化反转。例如温度达到图 8-40（a）中所示的 T_L 时，若通过线圈或永磁体外加磁场，则可实现磁化的完全反转。

利用补偿温度（T_{comp}）写入，铁磁体垂直磁化膜的磁补偿温度 T_{comp} 应在室温附近。当这种铁磁体被激光加热到较高温度，例如图 8-40（b）所示的 T_L，该温度下对应的矫顽力 H_{cL} 比室温时的矫顽力 H_{er} 要低得多，这样，在较弱的外磁场下即可容易地实现磁场反转。

图 8-40 中所示两种情况的共同特点是：记录温度 T_L 下的矫顽力 H_{cL} 比室温 T_r 下的矫顽力 H_{er} 要低得多。

光盘信息存储的记录原理如图 8-41 所示。

本节重点

（1）按可擦除重写型光盘的信息存储机理主要有哪两种记录方式？

（2）利用光磁记录如何实现信息的可擦除重写？

（3）利用非晶态⟷晶态转换记录如何实现信息的可擦除重写？

图 8-40　居里点方式和补偿点方式写入

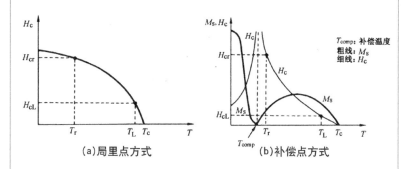

(a)局里点方式　　(b)补偿点方式

图 8-41　光盘信息存储的记录原理

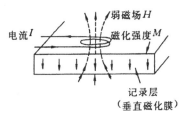

（a）仅在弱磁场作用下不能实现磁化反应

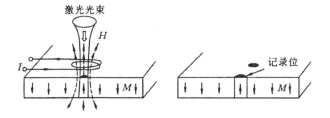

（b）在激光束照射部位实现磁化反转　　（c）实现单位（bit）记录

8.4.4 信息存储的竞争
——磁存储、光存储、半导体存储、量子存储相互竞争

目前，计算机存储系统的性能远远不能满足许多实际应用的需求，因而如何建立高性能的存储系统成为人们关注的焦点，从而极大地推动了新的和更好的存储技术的发展，并导致了存储区域网络、网络附属存储设备、磁盘阵列等存储设备的出现。信息存储技术旨在研究大容量数据存储的策略和方法，其追求的目标在于扩大存储容量、提高存取速度、保证数据的完整性和可靠性、加强对数据（文件）的管理和组织等。而今，在科技发展的推动下，除了传统的半导体存储、磁存储与光存储外，磁盘阵列技术与网络存储技术也开始逐步发展，在信息储存的竞争大流下，信息储存技术或许即将进入新的时代。

现存的几种信息存储方式——磁存储、光存储、半导体存储等，各有优缺点，各有各的应用领域。目前，还看不出谁代替谁的明显趋势。以半导体固态存储（solid state disk，SSD）为例，它是通过对三极管导通与否的控制来实现 0 和 1 的记录，它的每个记录单元即是一个三极管。可想而知，三极管的大小直接决定了存储的密度。虽然多层记录可以提高记录密度，但是多层单元之间的相互影响会导致存储数据的长期不稳定性。因此，磁记录作为一个较为成熟的记录方式，将仍有很大的发展前景。

光盘与磁盘特征的对比见表 8-3。

本节重点
（1）如何利用居里点方式和补偿点方式进行信息的写入、擦除？
（2）对磁存储、光存储、半导体存储、量子存储进行对比。
（3）介绍量子计算机的最新进展。

项　　目	对 比 项 目	光盘	磁盘
功能及特性	系统容量	大	
	记录密度	大	小[①]
	存取速度	慢	快
	数据传送速度	慢	快
可靠性及使用方便性	耐环境（如灰尘等）性	高	低
	耐振动性	高	低
	寿命	长	
	记录头与记录介质间的间距	大	小
	记录头大小	大	小

①巨磁电阻效应（GMR），超巨磁电阻效应（CMR）磁头的实用化，使磁记录的记录密度产生飞跃性提高。

附录一 CGS 单位制和 SI 单位制

项　目	CGS单位系	SI单位系	CGS→SI单位换算式
磁通量 （magnetic flux）	Mx（maxwell）	Wb（Weber） Vs（Volt Second）	Φ（CGS）$\times 10^{-8} = \Phi$（SI）
磁通密度 （magnetic flux density）	G（Gauss）	T（Tesla）	G（CGS）$\times 10^{-4} = $ T（SI） 1（T）$= 1 \times 10^{4}$（G）= 1（Wb/m^2）
磁场强度 （magnetic intensity） 磁化力 （magnetizing force）	Oe（Oersted） G（Gauss）	A/m （Ampere/meter）	Oe（CGS）$\times 79.6 = $ A/m（SI） G（CGS）$\times 10 = $ A/m（SI）
磁能密度 （magnetic energy）	De/cm^3 G（Gauss Dersteds per cubic cm）	J/m^3 （Joule per cubic meter）	GOe/cm^3（CGS）$\times 7.96 \times 10^{-3}$ $= $ J/m^3（SI）
磁势（起磁力） （magneto motive force）	Gb（Gilbeert）	A（Ampere）	Gb（CGS）$\times 0.796 = $ A（SI）
真空中的磁导率 μ_0	1（无单位）	$4\pi \times 10^{-7}$H/m （Henry per meter）	
长度 L 面积 S 体积 V	cm cm^2 cm^3	m m^2 m^3	

附录二 磁通密度与磁传感器

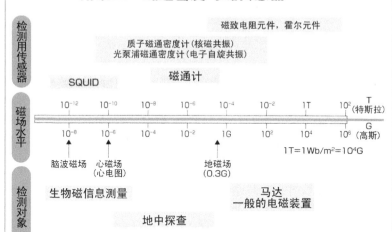

生物磁信息测量

地中探查

马达
一般的电磁装置

直线电动机汽车-NMR(MRI)

附录三 磁通密度和磁通量的单位换算表

磁通密度(磁感应强度)		磁通量	
T(特斯拉) SI单位系	G(高斯) CGS单位系	Wb(韦伯) SI单位系	Mx(麦克斯韦) CGS单位系
1T　　1000mT	10000G	1Wb　　1000mWb	1×10^8Mx
0.1T　　100mT	1000G	0.1Wb　　100mWb	1×10^7Mx
0.01T　　10mT	100G	0.01Wb　　10mWb	1×10^6Mx
0.001T　　1mT	10G	0.001Wb　　1mWb	1×10^5Mx
1×10^{-4}T　　100μT	1G	1×10^{-4}Wb　　100μWb	1×10^4Mx
1×10^{-5}T　　10μT	0.1G	1×10^{-5}Wb　　10μWb	1000Mx
1×10^{-6}T　　1μT	0.01G	1×10^{-6}Wb　　1μWb	100Mx
1×10^{-7}T　　100nT	0.001G	1×10^{-7}Wb　　100nWb	10Mx
1×10^{-8}T　　10nT	1×10^{-4}G	1×10^{-8}Wb　　10nWb	1Mx
1×10^{-9}T　　1nT	1×10^{-5}G	1×10^{-9}Wb　　1nWb	0.1Mx

注：m表示毫(10^{-3})；μ表示微(10^{-6})；n表示纳(10^{-9})。

参考文献

[1] 田民波. 磁性材料. 北京: 清华大学出版社, 2001.

[2] 小沼 稔. 磁性材料. 工学図書株式会社, 1996.

[3] 本間 基文, 日口章. 磁性材料読本. 工業調査会, 1998.

[4] Donald R. Askeland, Pradeep P. Phulé. The Science and Engineering of Materials. 4th ed. Brooks/Cole, Thomson Learning, Inco., 2003[材料科学与工程（第4版）. 北京: 清华大学出版社, 2005.].

[5] Michael F Ashby, David R H Jones. Engineering Materials 1——An Introduction to Properties, Applications and Design. 3rd ed. Elsevier Butterworth-Heinemann, 2005.

[6] William F. Smith, Javad Hashemi. Foundations of Materials Science and Engineering. 5th ed. New York, McGraw-Hill, Inco. Higher Education, 2010.

[7] 谷腰 欣司. フェライトの本. 日刊工業新聞社, 2011.

[8] 谷腰 欣司. モータの本. 日刊工業新聞社, 2002.

[9] Sam Zhang. Hand of Nanostructured Thin Films and Coatings ——Functional Properties. CRC Press, Taylor & Francis Group, 2010.

作者简介

田民波，男，1945年12月生，中共党员，研究生学历，清华大学材料学院教授。邮编：100084；E-mail: tmb@mail.tsinghua.edu.cn。

于1964年8月考入清华大学工程物理系。1970年毕业留校一直任教于清华大学工程物理系、材料科学与工程系、材料学院等。1981年在工程物理系获得改革开放后第一批研究生学位。其间，数十次赴日本京都大学等从事合作研究三年以上。

长期从事材料科学与工程领域的教学科研工作，曾任副系主任等。承担包括国家自然科学基金重点项目在内的科研项目多项，在国内外刊物发表论文120余篇，正式出版著作40部（其中10多部在台湾以繁体版出版），多部被海峡两岸选为大学本科及研究生用教材。

担任大学本科及研究生课程数十门。主持并主讲的《材料科学基础》先后被评为清华大学精品课、北京市精品课，并于2007年获得国家级精品课称号。面向国内外开设慕课两门，其中《材料学概论》迄今受众近4万，于2017年被评为第一批国家级精品慕课；《创新材料学》迄今受众近2万，被清华大学推荐申报2018年国家级精品慕课。

作者书系

1. 田民波，刘德令．薄膜科学与技术手册：上册．北京：机械工业出版社，1991.
2. 田民波，刘德令．薄膜科学与技术手册：下册．北京：机械工业出版社，1991.
3. 汪泓宏，田民波．离子束表面强化．北京：机械工业出版社，1992.
4. 田民波．校内讲义：薄膜技术基础，1995.
5. 潘金生，仝健民，田民波．材料科学基础．北京：清华大学出版社，1998.
6. 田民波．磁性材料．北京：清华大学出版社，2001.
7. 田民波．电子显示．北京：清华大学出版社，2001.

8. 李恒德. 现代材料科学与工程词典. 济南: 山东科学技术出版社, 2001.

9. 田民波. 电子封装工程. 北京: 清华大学出版社, 2003.

10. 田民波, 林金堵, 祝大同. 高密度封装基板. 北京: 清华大学出版社, 2003.

11. 田民波. 多孔固体——结构与性能. 刘培生, 译. 北京: 清华大学出版社, 2003.

12. 范群成, 田民波. 材料科学基础学习辅导. 北京: 机械工业出版社, 2005.

13. 田民波. 半導體電子元件構裝技術. 臺北: 臺灣五南圖書出版有限公司, 2005.

14. 田民波. 薄膜技术与薄膜材料. 北京: 清华大学出版社, 2006.

15. 田民波. 薄膜技術與薄膜材料. 臺北: 臺灣五南圖書出版有限公司, 2007.

16. 田民波. 材料科学基础——英文教案. 北京: 清华大学出版社, 2006.

17. 范群成, 田民波. 材料科学基础考研试题汇编: 2002—2006. 北京: 机械工业出版社, 2007.

18. 西久保 靖彦. 圖解薄型顯示器入門. 田民波, 譯. 臺北: 臺灣五南圖書出版有限公司, 2007.

19. 田民波. TFT 液晶顯示原理與技術. 臺北: 臺灣五南圖書出版有限公司, 2008.

20. 田民波. TFT LCD 面板設計與構裝技術. 臺北: 臺灣五南圖書出版有限公司, 2008.

21. 田民波. 平面顯示器之技術發展. 臺北: 臺灣五南圖書出版有限公司, 2008.

22. 田民波. 集成电路 (IC) 制程简论. 北京: 清华大学出版社, 2009.

23. 范群成, 田民波. 材料科学基础考研试题汇编: 2007—2009. 北京: 机械工业出版社, 2010.

24. 田民波, 叶锋. TFT 液晶显示原理与技术. 北京: 科学出版社, 2010.

25. 田民波, 叶锋. TFT LCD 面板设计与构装技术. 北京: 科学出版社, 2010.

26. 田民波, 叶锋. 平板显示器的技术发展. 北京: 科学出版社, 2010.

27. 潘金生, 全健民, 田民波. 材料科学基础 (修订版). 北京: 清华大学出版社, 2011.

28. 田民波, 吕辉宗, 温坤礼. 白光 LED 照明技术. 臺北: 臺灣五南圖書出版有限公司, 2011.

29. 田民波, 李正操. 薄膜技术与薄膜材料. 北京: 清华大学出版社，2011.
30. 田民波，朱焰焰．白光LED照明技术．北京：科学出版社，2011.
31. 田民波．创新材料学．北京：清华大学出版社，2015.
32. 田民波．材料學概論．臺北：臺灣五南圖書出版有限公司，2015.
33. 田民波．創新材料學．臺北：臺灣五南圖書出版有限公司，2015.
34. 周明胜，田民波，俞冀阳．核能利用与核材料．北京：清华大学出版社，2016.
35. 周明胜，田民波，俞冀阳．核材料与应用．北京：清华大学出版社，2017.